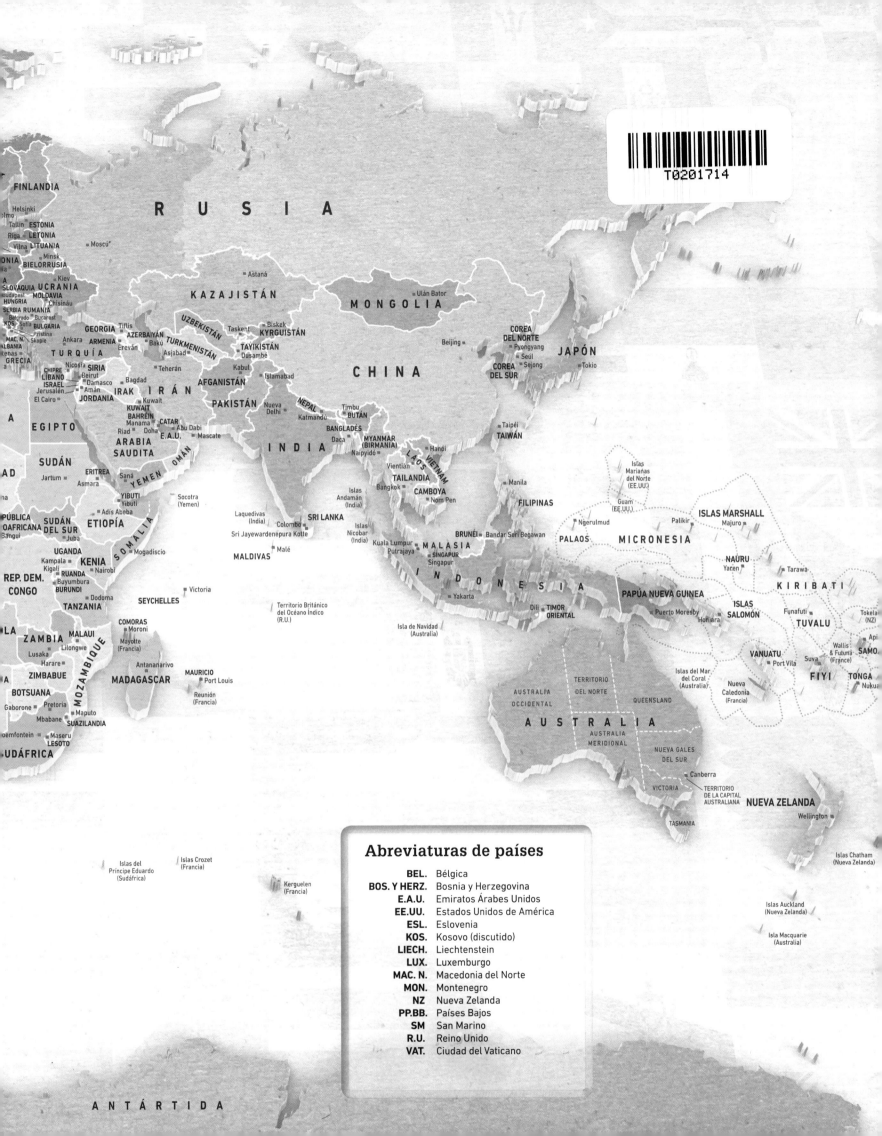

FINLANDIA

Helsinki
olmo
Tallin ESTONIA
Riga LETONIA
Vilna LITUANIA
Minsk
ONIA BIELORRUSIA
a
Kiev
SLOVAQUIA UCRANIA
MOLDAVIA
HUNGRIA Chisináu
SERBIA RUMANIA
Belgrado Bucarest
KOS Sofia Pristina
MAC. N. Skopie
ALBANIA
GRECIA
enas

R U S I A

Moscú

Astaná

KAZAJISTÁN

MONGOLIA
Ulán Bator

GEORGIA Tiflis
AZERBAIYÁN
TURKMENISTÁN
ARMENIA Bakú
Ereván
Ankara

Nicosia
CHIPRE SIRIA
LIBANO Beirut
ISRAEL Damasco
Jerusalén Amán
El Cairo JORDANIA
EGIPTO

TURQUÍA

UZBEKISTÁN
Taskent
TAYIKISTÁN
Dusambé
Teherán

IRAK IRÁN
Bagdad

KUWAIT
Kuwait
BAHREIN
Manama
CATAR
Riad Doha
E.A.U.
Abu Dabi
Mascate

Biskek
KYRGUISTÁN

Beijing

CHINA

COREA
DEL NORTE
Pyongyang
Seúl
Sejong
COREA
DEL SUR

JAPÓN

Tokio

Kabul
AFGANISTÁN
Islamabad

PAKISTÁN
Nueva
Delhi

NEPAL
Timbu
Katmandú BUTÁN

INDIA

BANGLADÉS
Daca

MYANMAR
(BIRMANIA)
Naipyidó

Hanói
LAOS
Vientián
TAILANDIA
Bangkok
CAMBOYA
Nom Pen

VIETNAM

Taipéi
TAIWÁN

ARABIA
SAUDITA

OMAN

YEMEN
Saná
Asmara

SUDÁN
Jartum

ERITREA

YIBUTI
Yibuti

Adís Abeba
ETIOPÍA

SOMALIA

Mogadiscio

Socotra
(Yemen)

Laquedivas
(India)
Colombo
SRI LANKA
Sri Jayewardenepura Kotte

Islas
Andamán
(India)

Islas
Nicobar
(India)

MALDIVAS
Malé

Manila

FILIPINAS

Islas
Marianas
del Norte
(EE.UU.)

Guam
(EE.UU.)

Ngerulmud
Palikir
ISLAS MARSHALL
Majuro

PALAOS
MICRONESIA

NAURU
Yaren

Tarawa

KIRIBATI

PÚBLICA
OAFRICANA
Bangui

SUDÁN
DEL SUR
Juba

UGANDA
Kampala
REP. DEM.
CONGO
Kigali RUANDA
Buyumbura
BURUNDI
Dodoma
TANZANIA

KENIA
Nairobi

SEYCHELLES
Victoria

Territorio Británico
del Océano Índico
(R.U.)

Yakarta
I N D O N E S I A

Kuala Lumpur MALASIA
Putrajaya
SINGAPUR
Singapur

BRUNÉI
Bandar Seri Begawan

Dili
TIMOR
ORIENTAL

PAPÚA NUEVA GUINEA

Puerto Moresby
Honiara

ISLAS
SALOMÓN

Islas del Mar
del Coral
(Australia)

Funafuti

TUVALU

Tokelau
(NZ)

Api

Wallis
& Futuna
(France)

SAMO

LA
ZAMBIA MALAUI
Lusaka Lilongwe
Harare
ZIMBABUE
BOTSUANA
Gaborone
Pretoria
Mbabane
SUAZILANDIA
oemfontein Maseru
LESOTO
UDÁFRICA

COMORAS
Moroni
Mayotte
(Francia)

Antananarivo
MADAGASCAR

MAURICIO
Port Louis

Reunión
(Francia)

AUSTRALIA
OCCIDENTAL

TERRITORIO
DEL NORTE

QUEENSLAND

AUSTRALIA

AUSTRALIA
MERIDIONAL

NUEVA GALES
DEL SUR
Canberra

VANUATU
Port Vila

Suva

FIYI

Nueva
Caledonia
(Francia)

TONGA
Nukua

VICTORIA
TERRITORIO
DE LA CAPITAL
AUSTRALIANA

NUEVA ZELANDA

TASMANIA

Wellington

MOZAMBIQUE

Maputo

ANTÁRTIDA

Islas del
Príncipe Eduardo
(Sudáfrica)

Islas Crozet
(Francia)

Kerguelen
(Francia)

Islas Chatham
(Nueva Zelanda)

Islas Auckland
(Nueva Zelanda)

Isla Macquarie
(Australia)

Isla de Navidad
(Australia)

Abreviaturas de países

BEL.	Bélgica
BOS. Y HERZ.	Bosnia y Herzegovina
E.A.U.	Emiratos Árabes Unidos
EE.UU.	Estados Unidos de América
ESL.	Eslovenia
KOS.	Kosovo (discutido)
LIECH.	Liechtenstein
LUX.	Luxemburgo
MAC. N.	Macedonia del Norte
MON.	Montenegro
NZ	Nueva Zelanda
PP.BB.	Países Bajos
SM	San Marino
R.U.	Reino Unido
VAT.	Ciudad del Vaticano

ATLAS
DE LA
EMERGENCIA
CLIMÁTICA

ATLAS
DE LA
EMERGENCIA
CLIMÁTICA

ESCRITO POR DAN HOOKE

ASESORADO POR

PROFESOR FRANS BERKHOUT

PROFESORA KIRSTIN DOW

Penguin
Random
House

Edición del proyecto Sam Kennedy
Edición de arte sénior Rachael Grady
Edición cartográfica sénior Simon Mumford
Colaboración editorial sénior Georgina Palffy, Jenny Sich,
Anna Streiffert-Limerick, Selina Wood
Edición Kelsie Besaw
Diseño Kit Lane, Mik Gates, Lynne Moulding, Greg McCarthy
Ilustración Jon @ KJA Artists, Adam Benton
Dirección editorial Francesca Baines
Dirección editorial de arte Philip Letsu
Edición de producción Robert Dunn
Control de producción Jude Crozier
Diseño de cubierta Akiko Kato
Dirección de desarrollo de cubierta Sophia MTT
Documentación gráfica Geetika Bhandari, Surya Sarangi

De la edición en español:
Coordinación editorial Cristina Sánchez Bustamante
Asistencia editorial y producción Malwina Zagawa

Servicios editoriales Tinta Simpàtica
Traducción Ismael Belda

Publicado originalmente en Gran Bretaña en 2020 por
Dorling Kindersley Limited
DK, One Embassy Gardens, 8 Viaduct Gardens, Londres, SW11 7BW
Parte de Penguin Random House

Copyright © 2020 Dorling Kindersley Limited
© Traducción española: 2021 Dorling Kindersley Limited

Título original: *Climate Emergency Atlas*
Primera reimpresión: 2022

ISBN: 978-0-7440-4026-5

Impreso y encuadernado en Malasia

Para mentes curiosas

www.dkespañol.com

MIXTO
Papel | Apoyando la
selvicultura responsable
FSC™ C018179

Este libro se ha impreso con papel
certificado por el Forest Stewardship
Council ™ como parte del compromiso
de DK por un futuro sostenible.
Para más información, visita
www.dk.com/our-green-pledge

Gases de efecto invernadero
Al medir el impacto de los gases
sobre el calentamiento de la
atmósfera, se utiliza la unidad de
gases de efecto invernadero (GEI).
Esta unidad combina múltiples
gases y compara su potencial de
calentamiento con el que tiene
el dióxido de carbono.

Coronavirus 2020
Este libro se ha elaborado en 2020,
durante la pandemia de coronavirus.
Toda la información es correcta en
el momento de la impresión, pero
es demasiado pronto para saber
cómo va a afectar la pandemia a
las futuras políticas que se adopten
sobre el cambio climático.

CONTENIDOS

Cómo funciona el clima de la Tierra

Las causas del cambio climático

Olas de calor

Medidas contra el cambio climático

El impacto del cambio climático

Incendios forestales

Aridez

Prólogo

Pere Estupinyà es científico, comunicador, autor de libros y creador de programas de televisión.

En 2020 la COVID-19 sorprendió a todo el mundo, menos a algunos científicos que llevaban años advirtiendo de que, tarde o temprano, un virus de procedencia animal saltaría a los humanos y podría causar una pandemia global de consecuencias sanitarias y económicas desastrosas. No podían precisar cuándo ni dónde ni cómo nos afectaría, y finalmente no se tomaron medidas de prevención.

Con el cambio climático ocurre algo parecido: los climatólogos ya no saben cómo decirnos que el calentamiento global es imparable, pero insisten en que si logramos reducir las emisiones de gases de efecto invernadero para que la temperatura global del planeta suba 1 °C en lugar de 2 en las próximas décadas, y aplicamos estrategias para adaptarnos ante futuras sequías, la subida del nivel del mar o los fenómenos climáticos extremos, el sufrimiento que experimentaremos será mucho menor. Pero tampoco se les hace suficiente caso.

El cambio climático es lento, pero nuestra respuesta frente a él lo es aún más. Por eso se habla cada vez menos de «cambio climático» y más de «crisis» o «emergencia climática», para mostrar que no es solo un fenómeno ambiental sino una amenaza real y apremiante para la Tierra y la humanidad. Vemos también un nuevo enfoque: en lugar de escenarios exagerados y apelar a la frustración y la impotencia, se recurre al realismo y a la esperanza: el cambio climático no se va a frenar y algunas consecuencias son inevitables, pero podemos reducir su impacto con las energías renovables y con una economía verde que limpie el aire y el agua.

El reto es mayúsculo, pero también la oportunidad. Este libro, lleno de información y consejos prácticos, es una extraordinaria herramienta que te ayudará a identificar las causas y a saber qué puedes hacer en tu día a día para cambiar las cosas. Todos podemos ser parte de la solución, aumentando la conciencia ambiental, fomentándola en quienes tenemos cerca, votando por políticas verdes y apoyando la ciencia, que estudia el mundo para intentar mejorarlo.

Pere Estupinyà

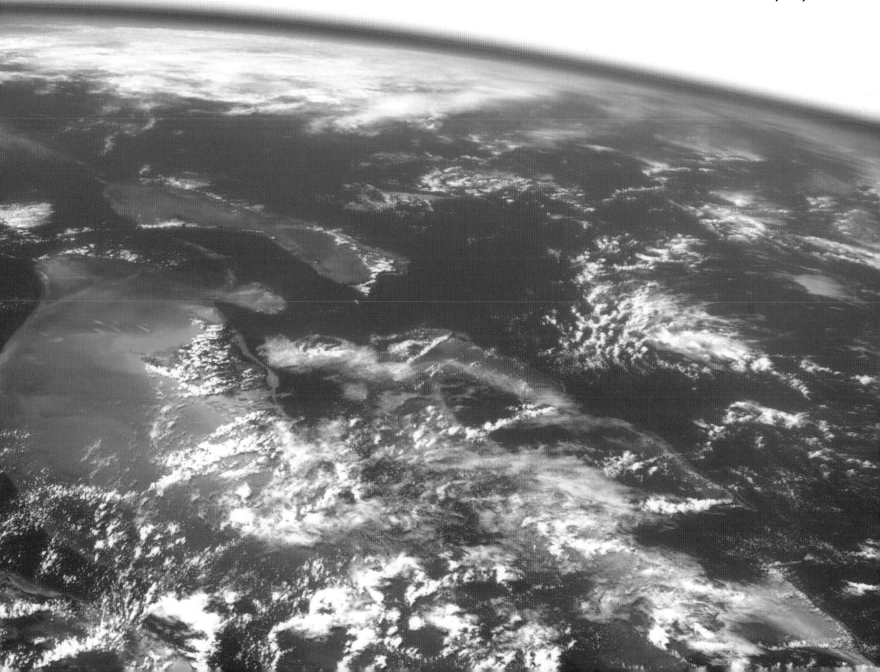

Cómo funciona el clima de la Tierra

La emergencia climática

En todo el mundo, la actividad humana causa la emisión de gases de efecto invernadero, llamados así porque atrapan el calor de la Tierra. Esto recibe el nombre de calentamiento global y afecta al clima y a la vida de nuestro planeta. Si queremos tener alguna posibilidad de detener el ascenso de la temperatura y efectos aún más graves en el futuro, debemos actuar ahora.

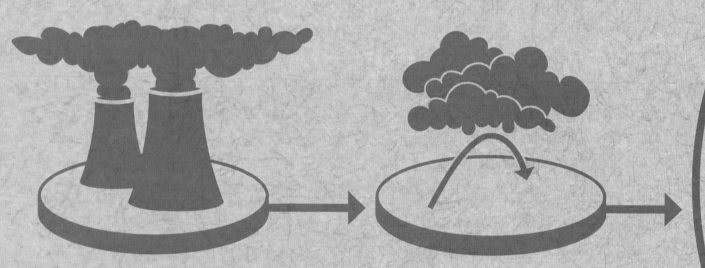

Actividad humana
Actividades humanas como la quema de combustibles fósiles, la ganadería o la deforestación emiten gases de efecto invernadero.

Efecto invernadero
Los gases de efecto invernadero se acumulan en la atmósfera y retienen más y más calor.

¿Tiempo o clima?
La diferencia entre el clima y el tiempo que hace es que el tiempo son las condiciones meteorológicas a corto plazo, como, por ejemplo, si hace sol o si llueve. El clima es el promedio de las condiciones en una región a lo largo de un período mayor, por lo general de 30 años. Mientras que la ropa que te pones cada día refleja el tiempo que hace, la variedad de ropa de tu armario depende del clima.

Tiempo

Clima

El hielo se derrite

El hielo que se derrite en Groenlandia, en la Antártida y en los glaciares terrestres hace que suba el nivel del mar. El hielo del Ártico ha disminuido de forma dramática.

Daño a los océanos

Los océanos se calientan y el nivel del agua sube, lo cual pone en peligro las poblaciones costeras y la vida marina.

Sube la temperatura

El impacto directo del efecto invernadero es un incremento de la temperatura, o calentamiento global. Esto crea efectos colaterales en todo el sistema climático de la Tierra.

Hogares en riesgo

Los hogares y los medios de vida de la gente están amenazados por la subida del nivel del mar, la sequía y los incendios.

Pérdida de hábitats

Los hábitats de los animales cambian y se destruyen debido a los cambios del clima, lo que podría provocar la extinción de algunas especies.

Fenómenos extremos

El cambio climático ha aumentado la frecuencia de los fenómenos meteorológicos extremos, como ciclones y olas de calor.

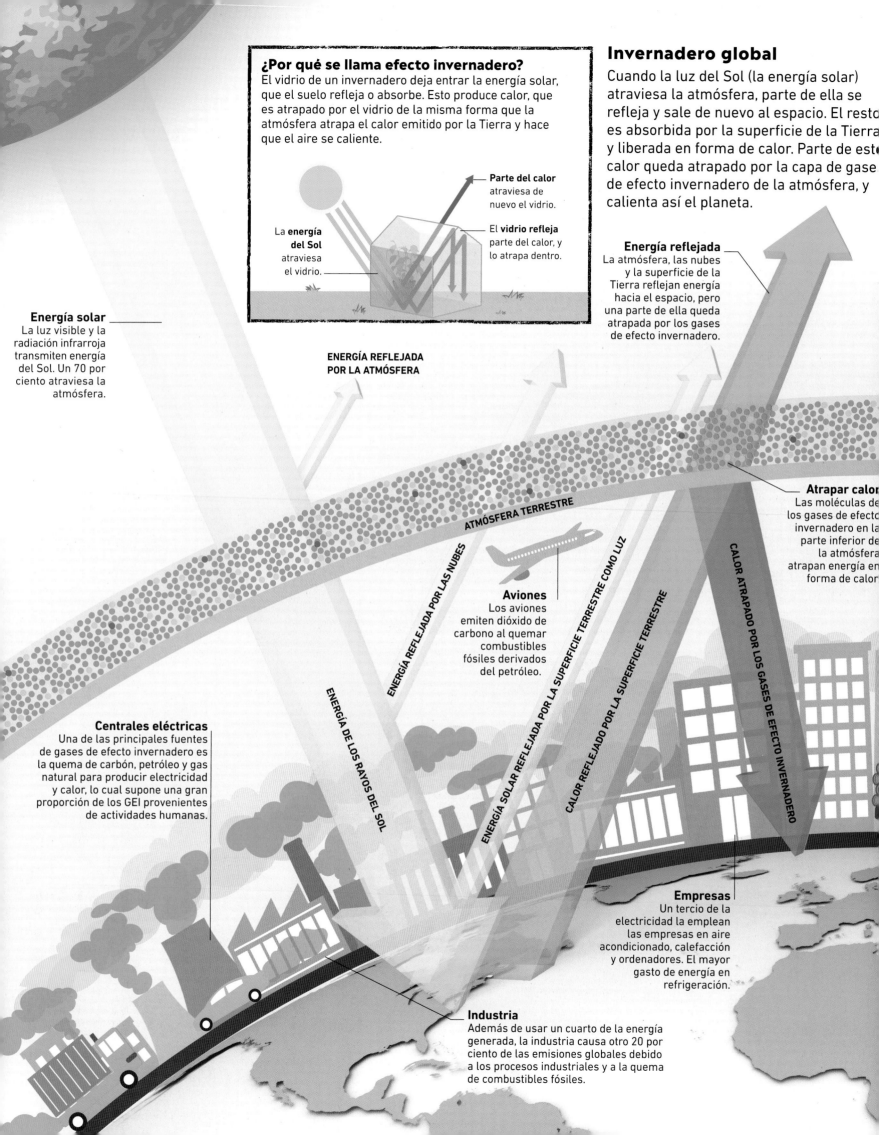

¿Por qué se llama efecto invernadero?

El vidrio de un invernadero deja entrar la energía solar, que el suelo refleja o absorbe. Esto produce calor, que es atrapado por el vidrio de la misma forma que la atmósfera atrapa el calor emitido por la Tierra y hace que el aire se caliente.

La energía del Sol atraviesa el vidrio.

Parte del calor atraviesa de nuevo el vidrio.

El vidrio refleja parte del calor, y lo atrapa dentro.

Invernadero global

Cuando la luz del Sol (la energía solar) atraviesa la atmósfera, parte de ella se refleja y sale de nuevo al espacio. El resto es absorbida por la superficie de la Tierra y liberada en forma de calor. Parte de este calor queda atrapado por la capa de gases de efecto invernadero de la atmósfera, y calienta así el planeta.

Energía reflejada
La atmósfera, las nubes y la superficie de la Tierra reflejan energía hacia el espacio, pero una parte de ella queda atrapada por los gases de efecto invernadero.

Energía solar
La luz visible y la radiación infrarroja transmiten energía del Sol. Un 70 por ciento atraviesa la atmósfera.

ENERGÍA REFLEJADA POR LA ATMÓSFERA

Atrapar calor
Las moléculas de los gases de efecto invernadero en la parte inferior de la atmósfera atrapan energía en forma de calor.

ATMÓSFERA TERRESTRE

ENERGÍA REFLEJADA POR LAS NUBES

Aviones
Los aviones emiten dióxido de carbono al quemar combustibles fósiles derivados del petróleo.

ENERGÍA SOLAR REFLEJADA POR LA SUPERFICIE TERRESTRE COMO LUZ

CALOR REFLEJADO POR LA SUPERFICIE TERRESTRE

CALOR ATRAPADO POR LOS GASES DE EFECTO INVERNADERO

ENERGÍA DE LOS RAYOS DEL SOL

Centrales eléctricas
Una de las principales fuentes de gases de efecto invernadero es la quema de carbón, petróleo y gas natural para producir electricidad y calor, lo cual supone una gran proporción de los GEI provenientes de actividades humanas.

Empresas
Un tercio de la electricidad la emplean las empresas en aire acondicionado, calefacción y ordenadores. El mayor gasto de energía en refrigeración.

Industria
Además de usar un cuarto de la energía generada, la industria causa otro 20 por ciento de las emisiones globales debido a los procesos industriales y a la quema de combustibles fósiles.

El **efecto** invernadero

Una capa de gases en la atmósfera llamados gases de efecto invernadero (GEI) atrapa la energía del Sol y mantiene la Tierra lo bastante caliente para albergar vida. Pero la actividad humana ha hecho que los niveles de gas aumenten, con lo que atrapan más calor y aumentan la temperatura global.

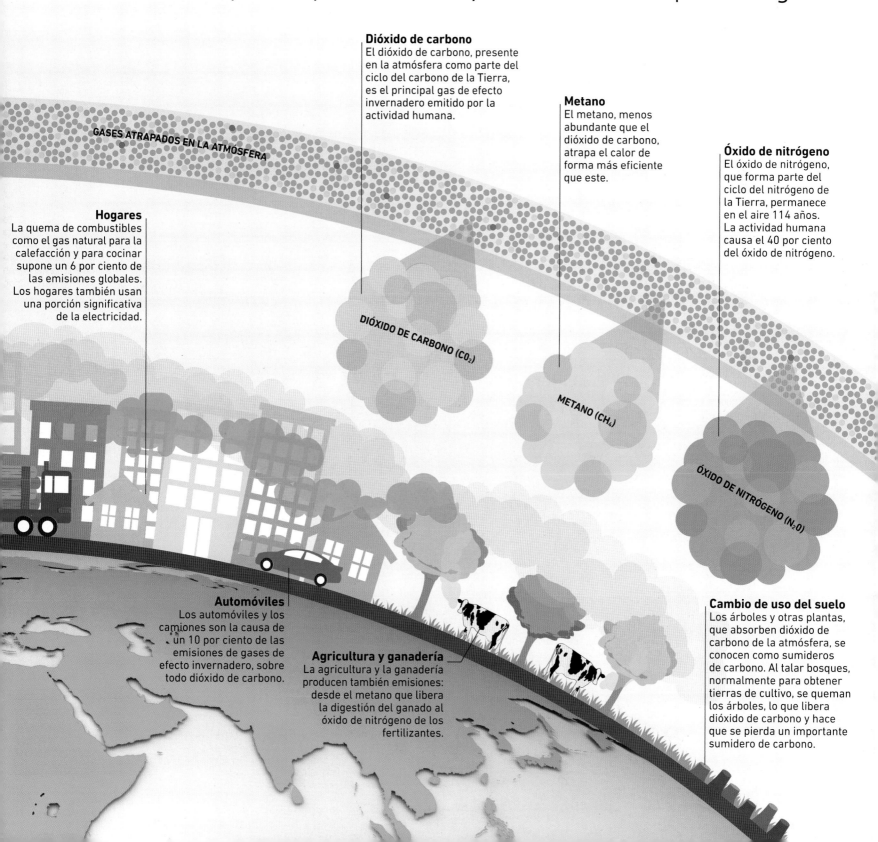

Dióxido de carbono
El dióxido de carbono, presente en la atmósfera como parte del ciclo del carbono de la Tierra, es el principal gas de efecto invernadero emitido por la actividad humana.

Metano
El metano, menos abundante que el dióxido de carbono, atrapa el calor de forma más eficiente que este.

Óxido de nitrógeno
El óxido de nitrógeno, que forma parte del ciclo del nitrógeno de la Tierra, permanece en el aire 114 años. La actividad humana causa el 40 por ciento del óxido de nitrógeno.

GASES ATRAPADOS EN LA ATMÓSFERA

Hogares
La quema de combustibles como el gas natural para la calefacción y para cocinar supone un 6 por ciento de las emisiones globales. Los hogares también usan una porción significativa de la electricidad.

DIÓXIDO DE CARBONO (CO$_2$)

METANO (CH$_4$)

ÓXIDO DE NITRÓGENO (N$_2$O)

Automóviles
Los automóviles y los camiones son la causa de un 10 por ciento de las emisiones de gases de efecto invernadero, sobre todo dióxido de carbono.

Agricultura y ganadería
La agricultura y la ganadería producen también emisiones: desde el metano que libera la digestión del ganado al óxido de nitrógeno de los fertilizantes.

Cambio de uso del suelo
Los árboles y otras plantas, que absorben dióxido de carbono de la atmósfera, se conocen como sumideros de carbono. Al talar bosques, normalmente para obtener tierras de cultivo, se queman los árboles, lo que libera dióxido de carbono y hace que se pierda un importante sumidero de carbono.

El ciclo del **carbono**

El carbono es un elemento que se encuentra en todos los seres vivos. Fluye en ciclos a través de la atmósfera, los océanos, las plantas, la vida animal y las rocas. El dióxido de carbono (CO_2) se intercambia entre el aire, el océano y los ecosistemas en procesos naturales que se equilibran entre sí. La actividad humana ha alterado este equilibrio, que ha causado el cambio climático y la acidificación de los océanos.

LA ATMÓSFERA

ABSORCIÓN DE LOS OCÉANOS

FOTOSÍNTESIS

PROCEDENTE DEL OCÉANO

RESPIRACIÓN VEGETAL

DEFORESTACIÓN

RESPIRACIÓN ANIMAL

Deforestación
Los bosques actúan como sumideros de carbono naturales al absorber y almacenar más carbono del que emiten. Quemar árboles no solo libera CO_2, sino que destruye un importante sumidero de carbono.

Plantas
Todas las plantas absorben CO_2 de la atmósfera y lo usan para producir energía en la fotosíntesis. Las plantas también liberan CO_2 a la atmósfera por medio de la respiración.

Acidificación del océano
Los océanos absorben CO_2 de la atmósfera. Pero si hay demasiado CO_2, el agua marina se vuelve más ácida. Esto disuelve los minerales que los organismos marinos necesitan para formar sus caparazones y esqueletos.

Calentamiento del océano
Al respirar, los organismos marinos liberan CO_2 a la atmósfera. A medida que los mares se calientan, el agua también libera más CO_2.

Animales
El CO_2 se libera al respirar los animales, ya sean herbívoros, carnívoros o detritívoros, los que descomponen la materia muerta.

El flujo del carbono

Procesos naturales como la respiración (la producción de energía a partir de la comida) y la combustión liberan CO_2 en la atmósfera, mientras que los océanos y las plantas lo absorben. Como toman más CO_2 que el que liberan, se los conoce como sumideros de carbono. Las actividades humanas han perturbado el ciclo del carbono y provocado que se acumule más CO_2 en la atmósfera, sobre todo por la quema de combustibles fósiles y la deforestación.

Inclinar la balanza

El aumento de las emisiones por la actividad humana ha inclinado la balanza del carbono. Los seres humanos añadimos 10 000 millones de toneladas de CO_2 a la atmósfera cada año.

Fuentes humanas de CO_2

Sumideros de carbono naturales

Fuentes naturales de CO_2

AVIACIÓN

Vuelo
Los aviones vuelan quemando queroseno, un derivado del petróleo.

ACTIVIDAD VOLCÁNICA

EMISIONES INDUSTRIALES

EMISIONES DE LOS HOGARES

Volcanes
Los volcanes en erupción, en tierra firme o bajo el mar, generan CO_2, pero producen solo el 1 por ciento de las emisiones por actividades humanas.

Industria
Muchas industrias obtienen energía de combustibles fósiles como el carbón.

TRANSPORTE

GANADERÍA

Hogares
El carbón, el gas natural y el petróleo se queman para generar electricidad para los hogares. Los combustibles fósiles también se usan para cocinar y para calefacción.

Ganadería y agricultura
Las vacas y otros animales, al digerir la comida, producen metano, que contiene carbono. El cultivo del arroz también libera metano a la atmósfera.

Transporte por carretera
Los vehículos usan combustibles fósiles como la gasolina o el gasóleo, derivados del petróleo.

Combustibles fósiles
A lo largo de millones de años, restos enterrados de plantas y de animales se transforman, debido a la presión y al calor, en carbón, petróleo y gas, combustibles que liberan CO_2.

Materia muerta
Cuando los animales y las plantas producen residuos o mueren, añaden al suelo materia que contiene carbono.

Microbios
Diminutos microbios en el suelo producen CO_2 al respirar mientras descomponen la materia muerta.

¿Cuál es tu
huella de carbono?

La huella de carbono mide los gases de efecto invernadero (GEI) liberados por una actividad, por la fabricación y el suministro de un producto, ¡o incluso por ti! La huella de carbono de una persona se calcula a partir de todas las emisiones derivadas de su forma de vida.

30 toneladas de GEI

CATAR
Una de las naciones más ricas del mundo, Catar, es también una de las que tienen una mayor huella de carbono. Esto se debe en buena parte a los combustibles fósiles que se usan para desalar agua para beber.

Ver la televisión
La electricidad que usamos para ver la televisión es una parte relativamente pequeña de la huella de carbono de un individuo, pero es una actividad popular en los países ricos.

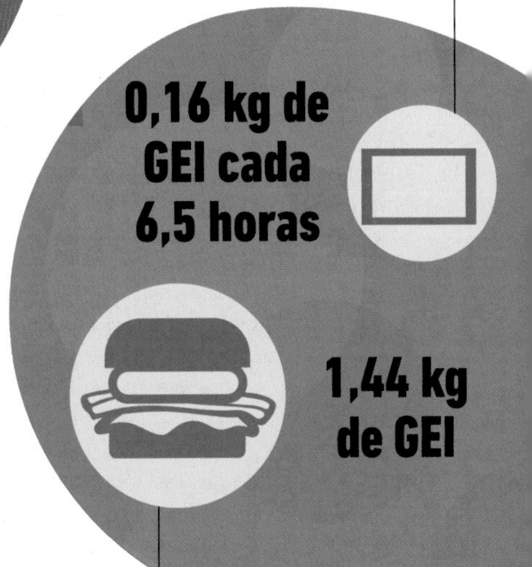

0,16 kg de GEI cada 6,5 horas

1,44 kg de GEI

Sándwich de salchichas, beicon y huevo
Criar animales, cosechar cereales, transporte, embalaje, refrigeración y eliminación de residuos componen la huella de carbono de este sándwich.

Huella de carbono nacional
Las huellas de carbono de estas páginas muestran el promedio de las huellas de carbono anuales en varios países. El tamaño de esas huellas varía mucho. En general, la gente que vive en las naciones más ricas tiene estilos de vida que producen más emisiones, por lo que sus huellas de carbono son mayores.

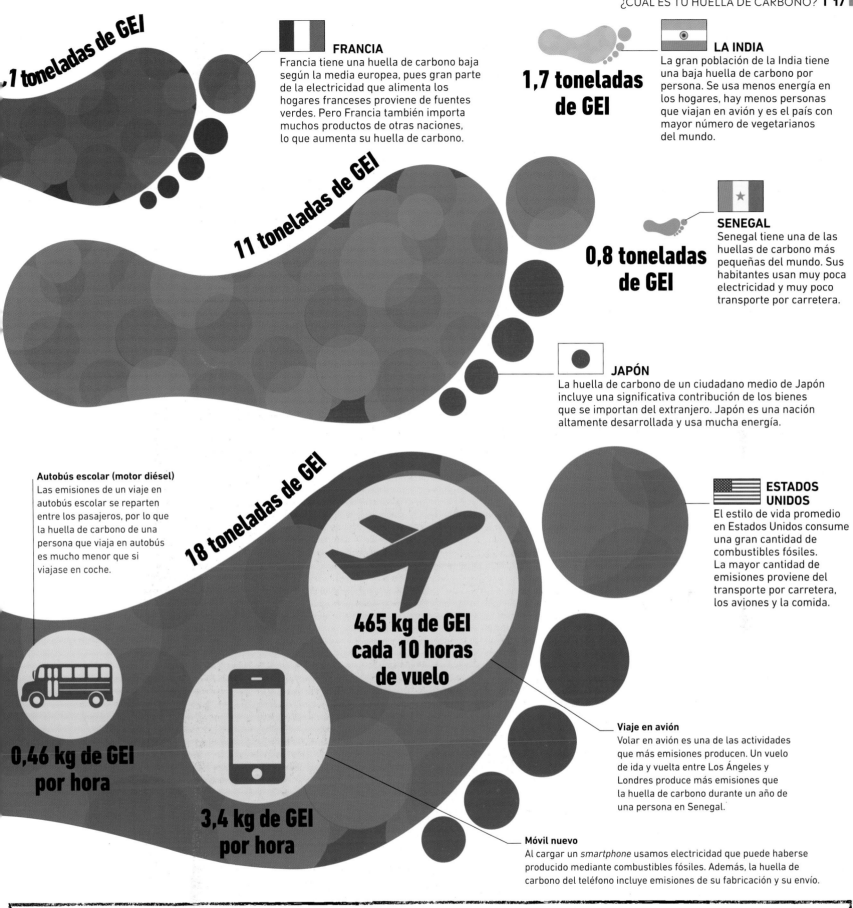

.1 toneladas de GEI

FRANCIA
Francia tiene una huella de carbono baja según la media europea, pues gran parte de la electricidad que alimenta los hogares franceses proviene de fuentes verdes. Pero Francia también importa muchos productos de otras naciones, lo que aumenta su huella de carbono.

1,7 toneladas de GEI

LA INDIA
La gran población de la India tiene una baja huella de carbono por persona. Se usa menos energía en los hogares, hay menos personas que viajan en avión y es el país con mayor número de vegetarianos del mundo.

11 toneladas de GEI

0,8 toneladas de GEI

SENEGAL
Senegal tiene una de las huellas de carbono más pequeñas del mundo. Sus habitantes usan muy poca electricidad y muy poco transporte por carretera.

JAPÓN
La huella de carbono de un ciudadano medio de Japón incluye una significativa contribución de los bienes que se importan del extranjero. Japón es una nación altamente desarrollada y usa mucha energía.

Autobús escolar (motor diésel)
Las emisiones de un viaje en autobús escolar se reparten entre los pasajeros, por lo que la huella de carbono de una persona que viaja en autobús es mucho menor que si viajase en coche.

18 toneladas de GEI

ESTADOS UNIDOS
El estilo de vida promedio en Estados Unidos consume una gran cantidad de combustibles fósiles. La mayor cantidad de emisiones proviene del transporte por carretera, los aviones y la comida.

465 kg de GEI cada 10 horas de vuelo

Viaje en avión
Volar en avión es una de las actividades que más emisiones producen. Un vuelo de ida y vuelta entre Los Ángeles y Londres produce más emisiones que la huella de carbono durante un año de una persona en Senegal.

0,46 kg de GEI por hora

3,4 kg de GEI por hora

Móvil nuevo
Al cargar un *smartphone* usamos electricidad que puede haberse producido mediante combustibles fósiles. Además, la huella de carbono del teléfono incluye emisiones de su fabricación y su envío.

¿Cuánto pesan los GEI?
Los GEI de las huellas de carbono se indican como un peso. Pero ¿cuál es el significado de esos números? Una forma de entender ese peso es visualizar las cifras como objetos familiares. El peso de la huella de carbono de una persona media en Francia, por ejemplo, equivale al peso de tres hipopótamos.

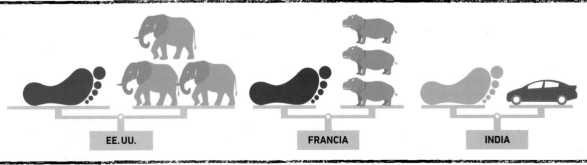

EE. UU.   FRANCIA   INDIA

Estudiar el cambio climático

Los climatólogos, valiéndose de la observación de las condiciones actuales, estudian cómo cambia el clima a medida que los gases de efecto invernadero (GEI) se acumulan en la atmósfera. Al recoger estos datos, los científicos también pueden predecir cómo cambiará el clima en el futuro si las concentraciones de GEI aumentan.

Recoger datos

Los climatólogos recogen y analizan datos de una enorme variedad de fuentes. Examinan las condiciones meteorológicas en la superficie de la Tierra y en las capas superiores de la atmósfera, observan la temperatura del océano y sus corrientes y analizan características como el hielo marino. Redes de sensores transmiten datos de localizaciones únicas, mientras que las mediciones hechas por satélites pueden ayudar a cubrir lagunas en la información. Toda esta información junta muestra que el clima de la Tierra ha cambiado con el tiempo.

Un ojo en el cielo
Los satélites que orbitan la Tierra miden muchos datos de forma remota, como la temperatura del aire, la capa de nubes y los niveles de polución. Los satélites de observación pueden escudriñar la superficie, lo que permite a los científicos monitorizar el crecimiento de los desiertos y la disminución del hielo marino.

Monitorizar los océanos
Una red de miles de boyas móviles y plataformas fijas miden las condiciones atmosféricas y envían información a las estaciones meteorológicas terrestres o marinas. Las boyas también miden las corrientes oceánicas y la altura de las olas, mientras que unas sondas llamadas perfiladores Argo se hunden y vuelven a la superficie para monitorizar la temperatura del océano y los niveles de sal a diferentes profundidades. Todo esto contribuye a nuestra comprensión de la manera en que el cambio climático afecta a los océanos.

Barco meteorológico
Más del 70 por ciento de la Tierra está cubierta de agua. Para formarse una visión completa del clima en la superficie del océano, se usan barcos, además de boyas y plataformas. Estos dispositivos recogen información sobre la presión del aire, la velocidad y dirección del viento, la temperatura y la humedad.

Perfiladores de viento
En tierra, los perfiladores de viento usan ondas de radio para medir la velocidad y la dirección del viento.

Radar meteorológico
Torres de radar miden la lluvia con ráfagas de ondas de radio, que vuelven cuando las ondas chocan contra gotas de agua en el aire.

Predecir el futuro cambio climático

Estudiar el clima muestra cómo las emisiones de GEI deben reducirse para limitar el ascenso de la temperatura. Este gráfico muestra el incremento de la temperatura previsto para varios niveles de emisiones, e indica cuánto deben reducirse estas para que el calentamiento se mantenga por debajo del objetivo de los 2 °C fijado en el Acuerdo de París.

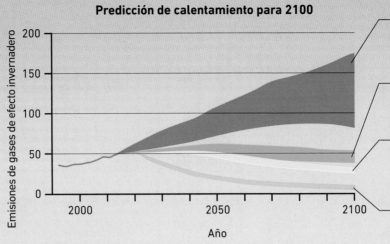

Predicción de calentamiento para 2100

Emisiones de gases de efecto invernadero

200

150

100

50

0

2000   2050   2100

Año

Altas emisiones
Si no se actúa, es probable que se alcance un calentamiento de más de 4 °C en 2100.

Rumbo actual
Con las medidas adoptadas hoy, el mundo va camino de calentarse hasta 3,2 °C.

Cumplir objetivos
Si todos los países cumplen los objetivos, el calentamiento será de 2,5-2,8 °C.

Bajas emisiones
Se necesitan medidas drásticas para limitar el calentamiento a 2 °C.

Radiosonda

Los globos meteorológicos que suben a las capas superiores de la atmósfera llevan radiosondas, estaciones meteorológicas en miniatura que miden la presión, el viento, la temperatura y la humedad a diferentes altitudes y envían los datos a la estación base en tierra.

Satélite meteorológico

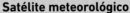
Los satélites en órbita geoestacionaria permanecen sobre el mismo lugar de la superficie terrestre pero orbitan a gran altitud, por lo que pueden ver todo el globo. Observan los huracanes y otros fenómenos meteorológicos extremos, cada vez más frecuentes a medida que las temperaturas de la Tierra ascienden.

Sonda de caída

Una sonda de caída, similar a una radiosonda, mide las condiciones atmosféricas. Se deja caer desde un avión y desciende hasta la superficie con un paracaídas. Se usan en zonas como el océano abierto, donde no es posible lanzar un globo.

Aviones
Muchos aviones comerciales llevan equipamiento que mide las condiciones meteorológicas y envía datos a estaciones meteorológicas en tierra. Se usan aeroplanos especializados para estudiar los sistemas de nubes y aerosoles (partículas sólidas o líquidas en suspensión) de la atmósfera.

Estación base
Las estaciones meteorológicas en tierra miden la temperatura y la presión del aire, así como la velocidad y dirección del viento y la humedad. Los científicos usan los datos de todas estas fuentes para construir modelos climáticos, programas informáticos que simulan el complejo clima de la Tierra. Usan estos modelos para averiguar cómo responderá el clima a los cambiantes niveles de gases de efecto invernadero en la atmósfera.

Las causas del cambio climático

¿Por qué cambia el clima?

Las actividades humanas –desde la ganadería a la industria y la calefacción– emiten gases de efecto invernadero. En los últimos 250 años, la escala y la intensidad de estas actividades se han acelerado de forma dramática y, como resultado, también se ha acelerado el cambio climático.

Electricidad

La mayor parte de la electricidad se produce aún con combustibles fósiles como el carbón y el gas.

La creciente demanda

A medida que las poblaciones crecen y se hacen más ricas, los países consumen más y más comida y energía.

Transporte

Los coches y los aviones usan derivados del petróleo, como la gasolina y el gasóleo, para alimentar sus motores.

Combustibles fósiles

Para dar electricidad a hogares, empresas e industrias, se quema carbón, petróleo y gas natural en las centrales eléctricas. Esto genera dióxido de carbono (CO_2), un gas de efecto invernadero.

Industria

Fabricar productos como ropa o juguetes genera emisiones en todas las fases del proceso de producción.

Alimentos

La agricultura y la ganadería emiten GEI, entre ellos el óxido de nitrógeno y metano.

Deforestación

Los bosques eliminan CO_2 de la atmósfera, pero grandes áreas se han talado para hacer sitio a la agricultura.

Dióxido de carbono (CO₂)

La actividad humana bombea a la atmósfera CO_2, que atrapa el calor y causa el cambio climático. Este gráfico muestra el constante incremento de la concentración de CO_2 en la atmósfera de la Tierra a lo largo los últimos 60 años.

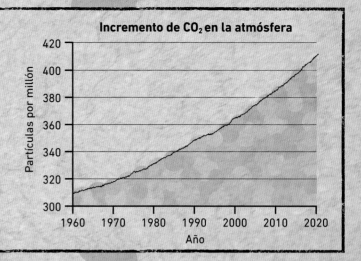

Incremento de CO₂ en la atmósfera

Partículas por millón

420
400
380
360
340
320
300

1960 1970 1980 1990 2000 2010 2020

Año

Huella de carbono humana

La combinación de todas estas actividades ha causado una dramática acumulación de GEI nocivos en la atmósfera, calentando nuestro planeta. Este impacto se denomina huella de carbono humana.

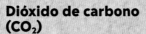

Población creciente

Actualmente hay ocho veces más habitantes en la Tierra que hace dos siglos. A medida que los países se industrializan y la gente consume más bienes y servicios, los gases de efecto invernadero se incrementan.

Crecimiento en el tiempo

Esta secuencia de mapas del mundo muestra cómo ha crecido la población mundial a lo largo del tiempo y cómo ese crecimiento se acelera. Durante miles de años, la población creció muy despacio. Las cosas empezaron a cambiar con la Revolución Industrial, más o menos a la vez que los seres humanos empezaron a quemar combustibles fósiles, que emiten gases de efecto invernadero.

Crecimiento lento
La población creció despacio y tardó otros 11 500 años en llegar a poco menos de 500 millones de personas.

1500
480 000 000

Una vida de agricultor
Antes de la industrialización, la mayoría eran agricultores. Muchos morían jóvenes, antes de los 40 años.

1750
770 000 000

Los primeros agricultores
Cuando se empezó a labrar la tierra, la población mundial era menor que la de muchas grandes ciudades actuales.

10 000 a.C.
4 000 000

En todo el mundo

Como se ve aquí, la gente no se distribuye homogéneamente en el mundo. La densidad de población varía mucho según el país. Las emisiones de CO_2 varían enormemente en función de la prosperidad económica.

Europa
Con sus 700 millones de habitantes, ha sido históricamente el principal emisor de CO_2, pero actualmente emite menos que EE. UU. y China.

Estados Unidos
Un país rico de 327 millones de habitantes –el 5 por ciento de la población mundial–, emite el 15 por ciento del CO_2, con lo que es el mayor emisor después de China.

Nigeria
Es el país más poblado de África, con 196 millones de habitantes. Como otros países de África, tiene bajos ingresos y bajos niveles de emisiones de CO_2: el 16 por ciento de la población mundial vive en este continente, pero emite solo el 4 por ciento de todo el CO_2.

¿Cuántos planetas Tierra?
Consumimos tanto que usamos más de lo que la Tierra produce. Según algunas estimaciones, necesitaríamos los recursos de 1,75 Tierras para mantener el consumo actual. Sin embargo, algunos países con gran población consumen pocos recursos. Si todos viviéramos como el ciudadano medio en la India –el segundo país más poblado del mundo–, con un promedio de ingresos de unos 540 euros, necesitaríamos solo la mitad de los recursos del planeta.

Catar Luxemburgo EE.UU. Australia Alemania China Brasil Ecuador India Burundi

SE PREVÉ QUE LA POBLACIÓN SE ESTABILICE EN TORNO DE LOS 11 000 MILLONES EN 2100

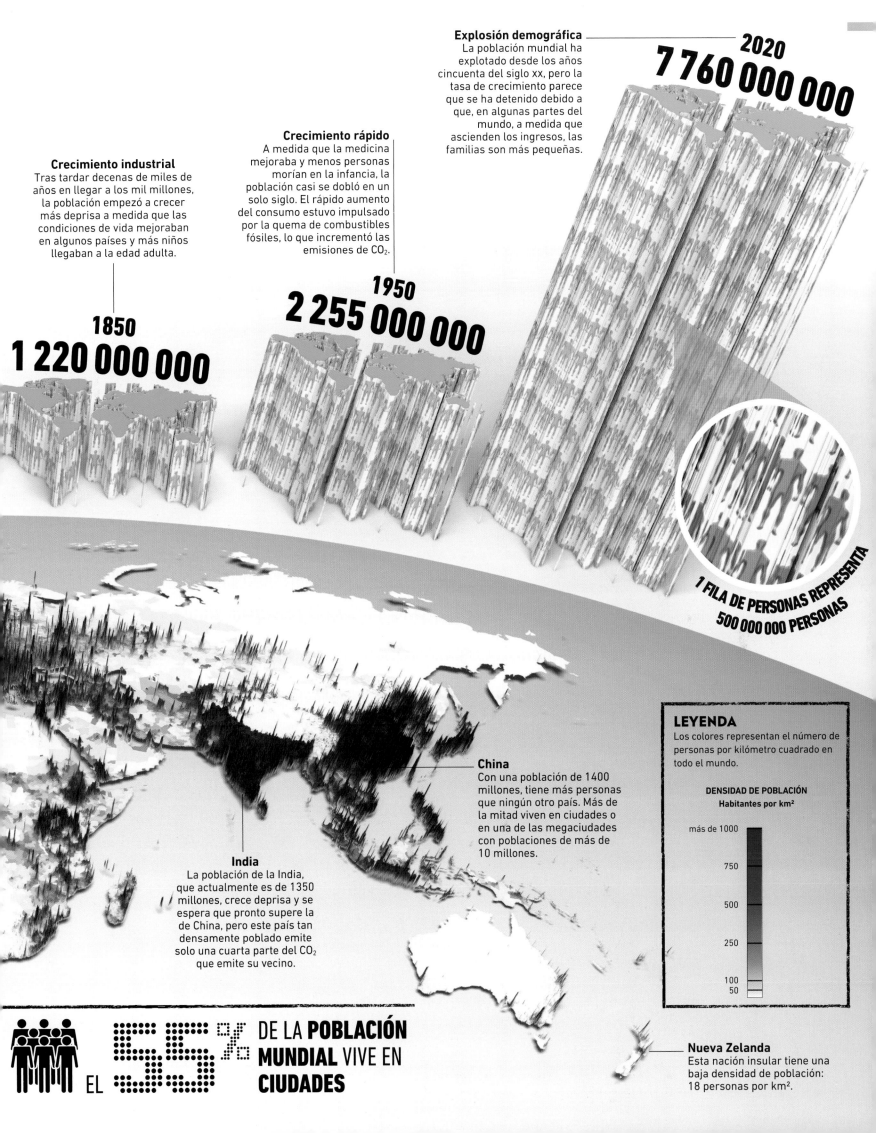

Explosión demográfica
La población mundial ha explotado desde los años cincuenta del siglo XX, pero la tasa de crecimiento parece que se ha detenido debido a que, en algunas partes del mundo, a medida que ascienden los ingresos, las familias son más pequeñas.

2020
7 760 000 000

Crecimiento rápido
A medida que la medicina mejoraba y menos personas morían en la infancia, la población casi se dobló en un solo siglo. El rápido aumento del consumo estuvo impulsado por la quema de combustibles fósiles, lo que incrementó las emisiones de CO_2.

1950
2 255 000 000

Crecimiento industrial
Tras tardar decenas de miles de años en llegar a los mil millones, la población empezó a crecer más deprisa a medida que las condiciones de vida mejoraban en algunos países y más niños llegaban a la edad adulta.

1850
1 220 000 000

1 FILA DE PERSONAS REPRESENTA 500 000 000 PERSONAS

China
Con una población de 1400 millones, tiene más personas que ningún otro país. Más de la mitad viven en ciudades o en una de las megaciudades con poblaciones de más de 10 millones.

India
La población de la India, que actualmente es de 1350 millones, crece deprisa y se espera que pronto supere la de China, pero este país tan densamente poblado emite solo una cuarta parte del CO_2 que emite su vecino.

LEYENDA
Los colores representan el número de personas por kilómetro cuadrado en todo el mundo.

DENSIDAD DE POBLACIÓN
Habitantes por km²

más de 1000
750
500
250
100
50

EL 55% DE LA POBLACIÓN MUNDIAL VIVE EN CIUDADES

Nueva Zelanda
Esta nación insular tiene una baja densidad de población: 18 personas por km².

Combustibles fósiles

Usar combustibles fósiles –carbón, petróleo y gas– para generar electricidad crea emisiones de dióxido de carbono (CO_2) que causan el cambio climático. El mayor emisor hoy es China, pero a lo largo del siglo pasado la mayoría de los gases de efecto invernadero provenían de las economías desarrolladas de Europa y Norteamérica.

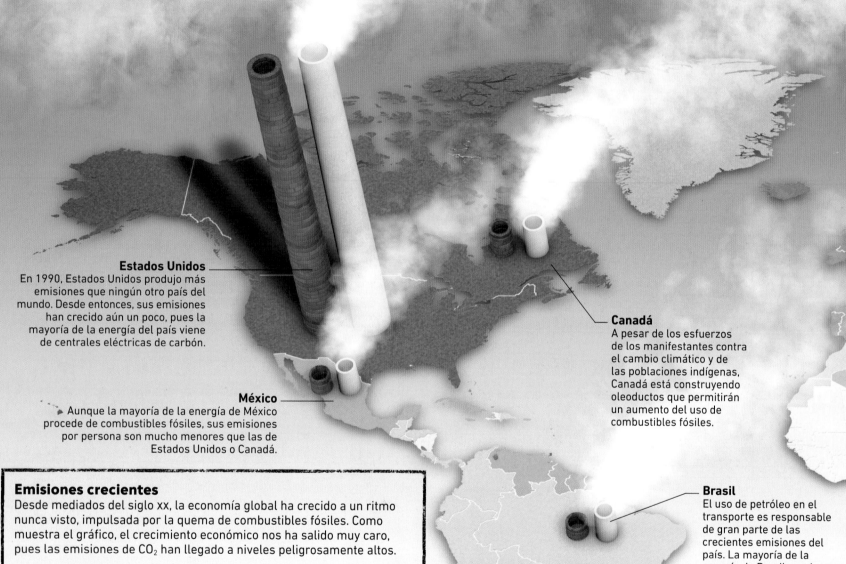

Estados Unidos
En 1990, Estados Unidos produjo más emisiones que ningún otro país del mundo. Desde entonces, sus emisiones han crecido aún un poco, pues la mayoría de la energía del país viene de centrales eléctricas de carbón.

México
Aunque la mayoría de la energía de México procede de combustibles fósiles, sus emisiones por persona son mucho menores que las de Estados Unidos o Canadá.

Canadá
A pesar de los esfuerzos de los manifestantes contra el cambio climático y de las poblaciones indígenas, Canadá está construyendo oleoductos que permitirán un aumento del uso de combustibles fósiles.

Brasil
El uso de petróleo en el transporte es responsable de gran parte de las crecientes emisiones del país. La mayoría de la energía de Brasil proviene de una gran presa hidroeléctrica en la frontera con Paraguay.

Emisiones crecientes
Desde mediados del siglo XX, la economía global ha crecido a un ritmo nunca visto, impulsada por la quema de combustibles fósiles. Como muestra el gráfico, el crecimiento económico nos ha salido muy caro, pues las emisiones de CO_2 han llegado a niveles peligrosamente altos.

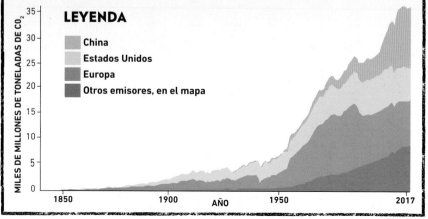

MILES DE MILLONES DE TONELADAS DE CO_2

LEYENDA
- China
- Estados Unidos
- Europa
- Otros emisores, en el mapa

AÑO

1850   1900   1950   2017

Los mayores contaminantes
El sombreado indica qué países emitieron más por persona en 2018. Las chimeneas representan el total de emisiones producidas por los mayores contaminantes del mundo en 1990 y en 2018. Los países con las chimeneas más altas son los que producen más emisiones.

20% DE EMISIONES PROVIENEN DE LA INDUSTRIA

EL DIÓXIDO DE CARBONO SUPONE EL 74% DE TODAS LAS EMISIONES DE GEI

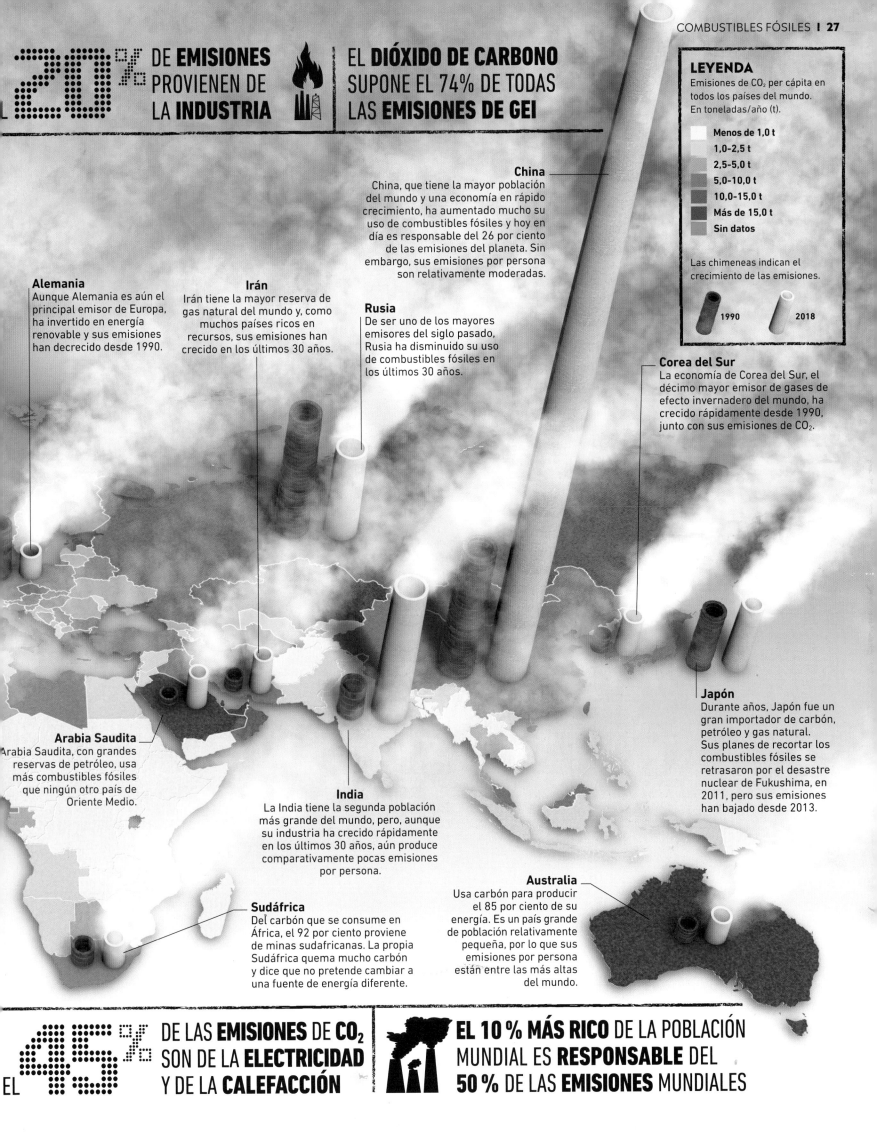

LEYENDA

Emisiones de CO_2 per cápita en todos los países del mundo. En toneladas/año (t).

- Menos de 1,0 t
- 1,0-2,5 t
- 2,5-5,0 t
- 5,0-10,0 t
- 10,0-15,0 t
- Más de 15,0 t
- Sin datos

Las chimeneas indican el crecimiento de las emisiones.

1990   2018

China
China, que tiene la mayor población del mundo y una economía en rápido crecimiento, ha aumentado mucho su uso de combustibles fósiles y hoy en día es responsable del 26 por ciento de las emisiones del planeta. Sin embargo, sus emisiones por persona son relativamente moderadas.

Alemania
Aunque Alemania es aún el principal emisor de Europa, ha invertido en energía renovable y sus emisiones han decrecido desde 1990.

Irán
Irán tiene la mayor reserva de gas natural del mundo y, como muchos países ricos en recursos, sus emisiones han crecido en los últimos 30 años.

Rusia
De ser uno de los mayores emisores del siglo pasado, Rusia ha disminuido su uso de combustibles fósiles en los últimos 30 años.

Corea del Sur
La economía de Corea del Sur, el décimo mayor emisor de gases de efecto invernadero del mundo, ha crecido rápidamente desde 1990, junto con sus emisiones de CO_2.

Japón
Durante años, Japón fue un gran importador de carbón, petróleo y gas natural. Sus planes de recortar los combustibles fósiles se retrasaron por el desastre nuclear de Fukushima, en 2011, pero sus emisiones han bajado desde 2013.

Arabia Saudita
Arabia Saudita, con grandes reservas de petróleo, usa más combustibles fósiles que ningún otro país de Oriente Medio.

India
La India tiene la segunda población más grande del mundo, pero, aunque su industria ha crecido rápidamente en los últimos 30 años, aún produce comparativamente pocas emisiones por persona.

Australia
Usa carbón para producir el 85 por ciento de su energía. Es un país grande de población relativamente pequeña, por lo que sus emisiones por persona están entre las más altas del mundo.

Sudáfrica
Del carbón que se consume en África, el 92 por ciento proviene de minas sudafricanas. La propia Sudáfrica quema mucho carbón y dice que no pretende cambiar a una fuente de energía diferente.

EL 25% DE LAS EMISIONES DE CO₂ SON DE LA ELECTRICIDAD Y DE LA CALEFACCIÓN

EL 10 % MÁS RICO DE LA POBLACIÓN MUNDIAL ES RESPONSABLE DEL 50 % DE LAS EMISIONES MUNDIALES

La calidad del aire en Nueva Delhi era muy mala en 2019 y el gobierno declaró una emergencia de salud pública.

Polución del aire

Aquí se ve el monumento de la Puerta de la India, en Nueva Delhi, antes y durante el confinamiento por la COVID-19. En noviembre de 2019, lo rodeaba una densa niebla tóxica, pues el aire estaba saturado con las emisiones de los vehículos, la agricultura y la industria. En Nueva Delhi, una de las ciudades más contaminadas del mundo, el índice de calidad del aire (ICA) –la proporción de partículas tóxicas en el aire, en la que un resultado de entre 0 y 50 se considera normal– suele ser de más de 200 y ha llegado a superar los 900. A final de marzo de 2020, con el confinamiento a causa de la COVID-19, las industrias cerraron y los coches desaparecieron de las carreteras. La calidad del aire mejoró de forma inmediata.

20 DE ABRIL DE 2020

1/3 DEL **GRANO QUE SE PRODUCE** EN EL MUNDO **SE UTILIZA PARA ALIMENTAR AL GANADO**

70 000 MILLONES DE ANIMALES SE CRÍAN ANUALMENTE PARA EL **CONSUMO HUMANO**

5 667 000 t

1 819 000 t

3 042 000 t

12 307 000 t

Estados Unidos
Estados Unidos tiene mucho ganado y una gran industria cárnica, lo que lo convierte en el tercer mayor productor de metano por ganadería.

México
En México se cría gran cantidad de ganado para su mercado interno y para exportación. Parte de su carne de vacuno va a Estados Unidos.

Brasil
En Brasil se cría más ganado que en ningún otro lugar del mundo. En ese país también se encuentran grandes áreas de la selva del Amazonas, que están en riesgo de ser quemadas para criar ganado.

LEYENDA
El color de la hierba muestra los gases de efecto invernadero, en miles de toneladas, producidos en 2017 por toda la actividad agropecuaria de un país (ver recuadro, derecha).

- Menos de 350
- 350-1000
- 1000-4000
- Más de 4000

Argentina
Después de Brasil y Australia, Argentina es el tercer exportador de carne de vacuno del mundo. En un cálculo por persona, es también el segundo consumidor de carne de vacuno, después de su vecino Uruguay.

Carne y metano

La vacas se crían para producir carne y leche. Cuando digieren la comida (en un proceso llamado fermentación entérica), expelen metano, un potente gas de efecto invernadero. Este mapa muestra los 10 países con mayores emisiones de metano procedentes de ganado vacuno.

Agricultura y **ganadería**

La agricultura desempeña un gran papel en la acumulación global de gases de efecto invernadero. Su mayor impacto proviene de la tala de bosques para convertirlos en tierras de cultivo. Otro importante factor es la ganadería, que usa la tierra para pastos y para producir piensos.

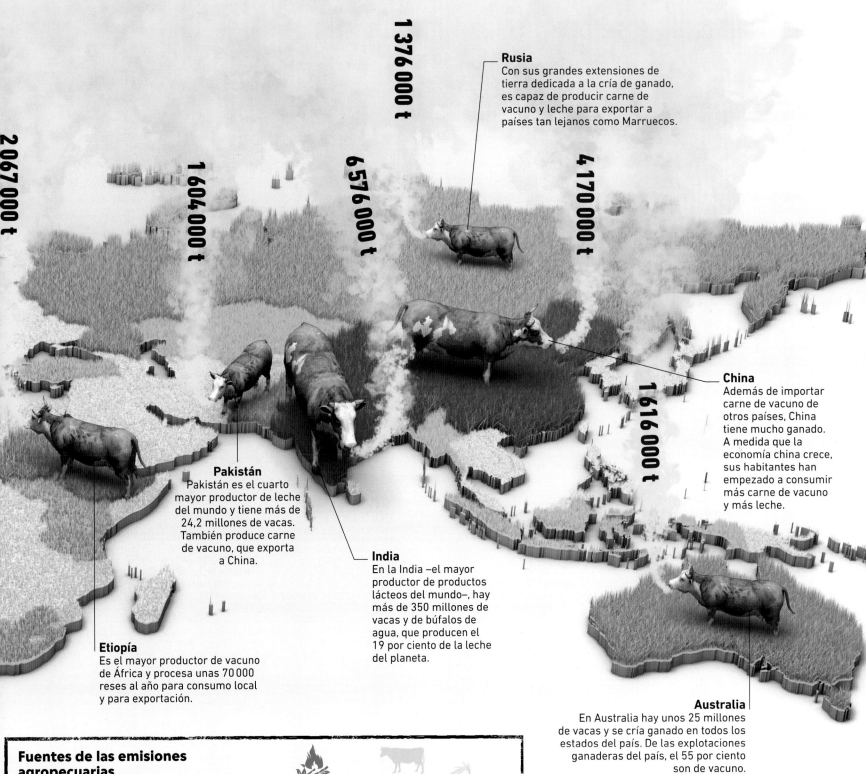

2 067 000 t

1 604 000 t

1 376 000 t

6 576 000 t

4 170 000 t

1 616 000 t

Rusia
Con sus grandes extensiones de tierra dedicada a la cría de ganado, es capaz de producir carne de vacuno y leche para exportar a países tan lejanos como Marruecos.

China
Además de importar carne de vacuno de otros países, China tiene mucho ganado. A medida que la economía china crece, sus habitantes han empezado a consumir más carne de vacuno y más leche.

Pakistán
Pakistán es el cuarto mayor productor de leche del mundo y tiene más de 24,2 millones de vacas. También produce carne de vacuno, que exporta a China.

India
En la India –el mayor productor de productos lácteos del mundo–, hay más de 350 millones de vacas y de búfalos de agua, que producen el 19 por ciento de la leche del planeta.

Etiopía
Es el mayor productor de vacuno de África y procesa unas 70 000 reses al año para consumo local y para exportación.

Australia
En Australia hay unos 25 millones de vacas y se cría ganado en todos los estados del país. De las explotaciones ganaderas del país, el 55 por ciento son de vacuno.

Fuentes de las emisiones agropecuarias

La agricultura y la ganadería son responsables de tres importantes gases de efecto invernadero. Además del metano producido por la fermentación entérica y por el arroz, los fertilizantes y el cultivo intensivo del suelo liberan óxido de nitrógeno, gas muy efectivo a la hora de calentar la atmósfera. La ganadería es también responsable de grandes cantidades de CO_2. Cuando se talan los bosques para pastos, se queman los árboles, lo que libera CO_2. Menos árboles también significa que se absorbe menos CO_2 de la atmósfera.

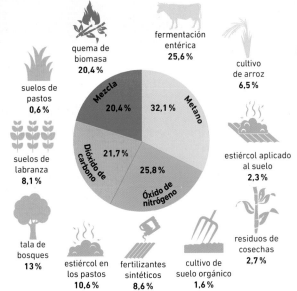

quema de biomasa
20,4 %

fermentación entérica
25,6 %

cultivo de arroz
6,5 %

suelos de pastos
0,6 %

Mezcla
20,4 %

Metano
32,1 %

estiércol aplicado al suelo
2,3 %

suelos de labranza
8,1 %

Dióxido de carbono
21,7 %

Óxido de nitrógeno
25,8 %

residuos de cosechas
2,7 %

tala de bosques
13 %

estiércol en los pastos
10,6 %

fertilizantes sintéticos
8,6 %

cultivo de suelo orgánico
1,6 %

DESDE LOS AÑOS **SESENTA,** SE HA **DEFORESTADO EN LA SELVA DEL AMAZONAS** UN **ÁREA** COMO **SUECIA** PARA PASTO DE GANADO

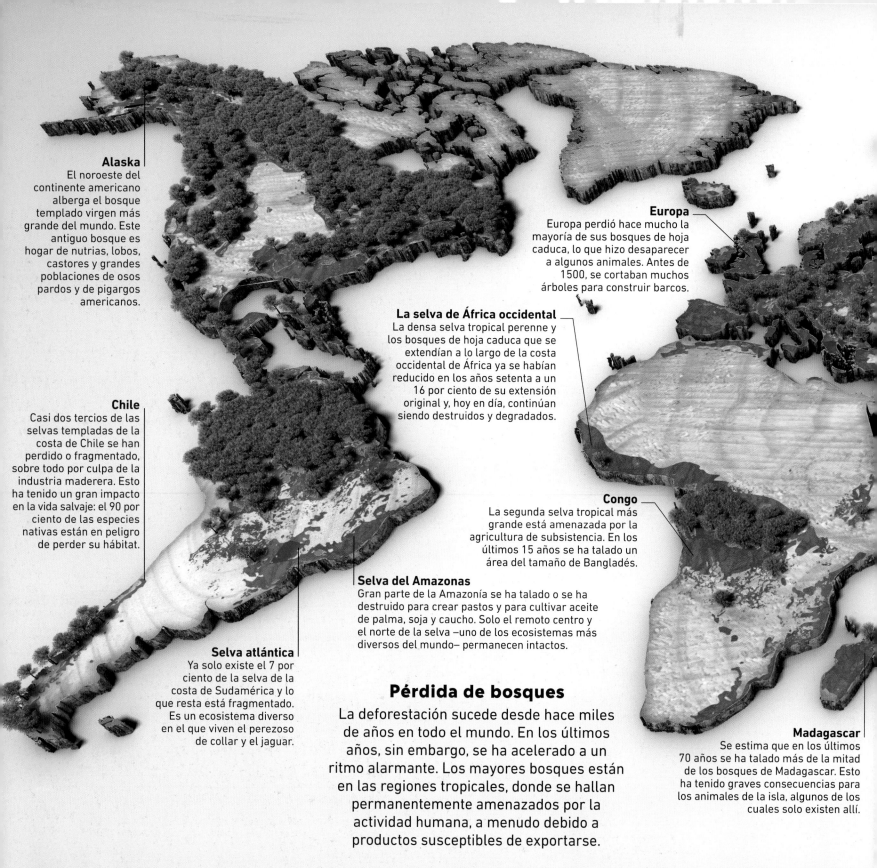

Alaska
El noroeste del continente americano alberga el bosque templado virgen más grande del mundo. Este antiguo bosque es hogar de nutrias, lobos, castores y grandes poblaciones de osos pardos y de pigargos americanos.

Chile
Casi dos tercios de las selvas templadas de la costa de Chile se han perdido o fragmentado, sobre todo por culpa de la industria maderera. Esto ha tenido un gran impacto en la vida salvaje: el 90 por ciento de las especies nativas están en peligro de perder su hábitat.

Selva atlántica
Ya solo existe el 7 por ciento de la selva de la costa de Sudamérica y lo que resta está fragmentado. Es un ecosistema diverso en el que viven el perezoso de collar y el jaguar.

Selva del Amazonas
Gran parte de la Amazonía se ha talado o se ha destruido para crear pastos y para cultivar aceite de palma, soja y caucho. Solo el remoto centro y el norte de la selva —uno de los ecosistemas más diversos del mundo— permanecen intactos.

La selva de África occidental
La densa selva tropical perenne y los bosques de hoja caduca que se extendían a lo largo de la costa occidental de África ya se habían reducido en los años setenta a un 16 por ciento de su extensión original y, hoy en día, continúan siendo destruidos y degradados.

Europa
Europa perdió hace mucho la mayoría de sus bosques de hoja caduca, lo que hizo desaparecer a algunos animales. Antes de 1500, se cortaban muchos árboles para construir barcos.

Congo
La segunda selva tropical más grande está amenazada por la agricultura de subsistencia. En los últimos 15 años se ha talado un área del tamaño de Bangladés.

Madagascar
Se estima que en los últimos 70 años se ha talado más de la mitad de los bosques de Madagascar. Esto ha tenido graves consecuencias para los animales de la isla, algunos de los cuales solo existen allí.

Pérdida de bosques

La deforestación sucede desde hace miles de años en todo el mundo. En los últimos años, sin embargo, se ha acelerado a un ritmo alarmante. Los mayores bosques están en las regiones tropicales, donde se hallan permanentemente amenazados por la actividad humana, a menudo debido a productos susceptibles de exportarse.

El bosque desaparece

Los bosques son clave para el clima. Son sumideros de carbono debido a la capacidad de los árboles de capturar dióxido de carbono del aire. Pero están desapareciendo: en 2011, la mitad de los bosques originales del planeta había sido cortada por los seres humanos, sobre todo para crear tierras de cultivo.

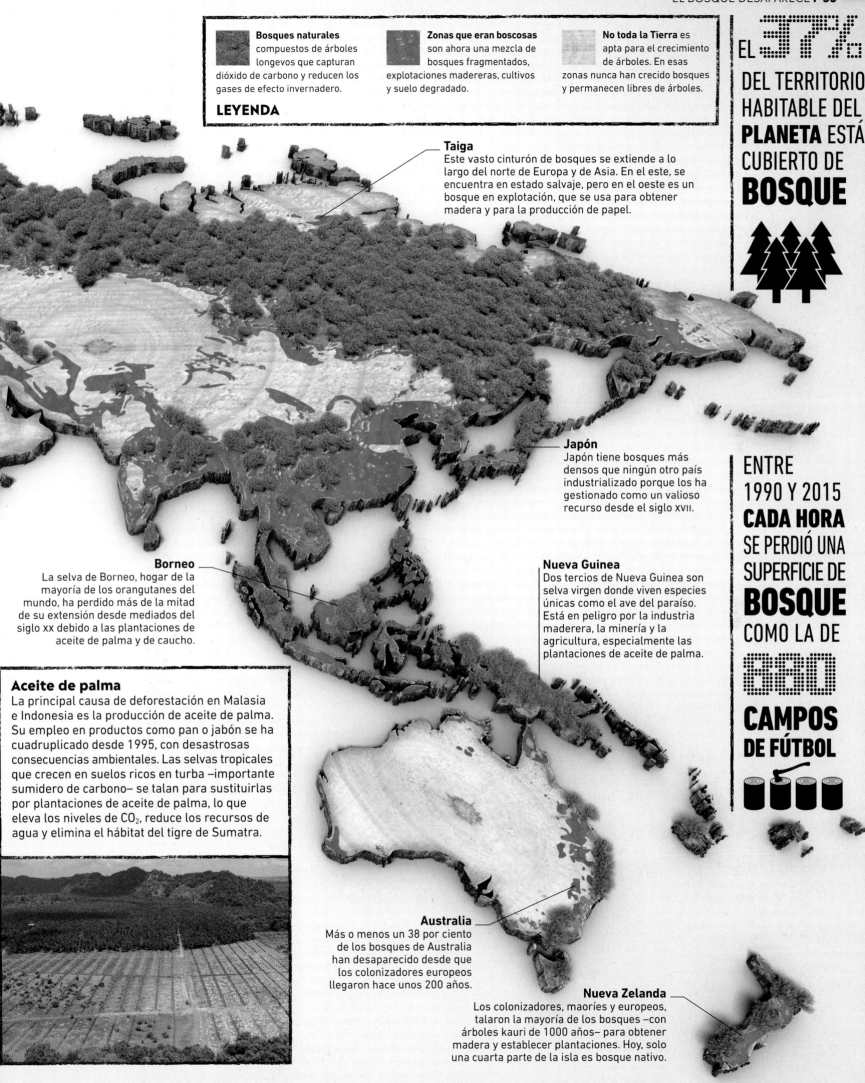

LEYENDA

Bosques naturales compuestos de árboles longevos que capturan dióxido de carbono y reducen los gases de efecto invernadero.

Zonas que eran boscosas son ahora una mezcla de bosques fragmentados, explotaciones madereras, cultivos y suelo degradado.

No toda la Tierra es apta para el crecimiento de árboles. En esas zonas nunca han crecido bosques y permanecen libres de árboles.

Taiga
Este vasto cinturón de bosques se extiende a lo largo del norte de Europa y de Asia. En el este, se encuentra en estado salvaje, pero en el oeste es un bosque en explotación, que se usa para obtener madera y para la producción de papel.

Japón
Japón tiene bosques más densos que ningún otro país industrializado porque los ha gestionado como un valioso recurso desde el siglo XVII.

Borneo
La selva de Borneo, hogar de la mayoría de los orangutanes del mundo, ha perdido más de la mitad de su extensión desde mediados del siglo XX debido a las plantaciones de aceite de palma y de caucho.

Nueva Guinea
Dos tercios de Nueva Guinea son selva virgen donde viven especies únicas como el ave del paraíso. Está en peligro por la industria maderera, la minería y la agricultura, especialmente las plantaciones de aceite de palma.

Aceite de palma
La principal causa de deforestación en Malasia e Indonesia es la producción de aceite de palma. Su empleo en productos como pan o jabón se ha cuadruplicado desde 1995, con desastrosas consecuencias ambientales. Las selvas tropicales que crecen en suelos ricos en turba –importante sumidero de carbono– se talan para sustituirlas por plantaciones de aceite de palma, lo que eleva los niveles de CO_2, reduce los recursos de agua y elimina el hábitat del tigre de Sumatra.

Australia
Más o menos un 38 por ciento de los bosques de Australia han desaparecido desde que los colonizadores europeos llegaron hace unos 200 años.

Nueva Zelanda
Los colonizadores, maoríes y europeos, talaron la mayoría de los bosques –con árboles kauri de 1000 años– para obtener madera y establecer plantaciones. Hoy, solo una cuarta parte de la isla es bosque nativo.

EL 37% DEL TERRITORIO HABITABLE DEL PLANETA ESTÁ CUBIERTO DE BOSQUE

ENTRE 1990 Y 2015 CADA HORA SE PERDIÓ UNA SUPERFICIE DE BOSQUE COMO LA DE 880 CAMPOS DE FÚTBOL

Entre los años 1999 y 2015, Indonesia perdió una cuarta parte de su bosque.

Devastación forestal

En la provincia de Papúa, en Indonesia, se tala la selva tropical para plantar palma. El fruto de esta palmera se prensa para extraer aceite, el más consumido del mundo: cada año se producen más de 70 millones de toneladas, e Indonesia es el productor principal. Anualmente se talan enormes áreas de bosque para hacer sitio a las plantaciones, y en el proceso se liberan millones de toneladas de carbono. Algunos bosques están en zonas pantanosas ricas en turba, muy rica en carbono. Cuando se drenan los pantanos para plantar palma, los gases de efecto invernadero atrapados en la turba se liberan a la atmósfera. Pese a que el gobierno lo haya prohibido, la deforestación continúa.

Transporte **rodado**

Los automóviles y los camiones queman gasolina y gasóleo, derivados del petróleo, un combustible fósil. El transporte rodado por carretera es responsable de más del 10 por ciento de las emisiones de dióxido de carbono (CO_2).

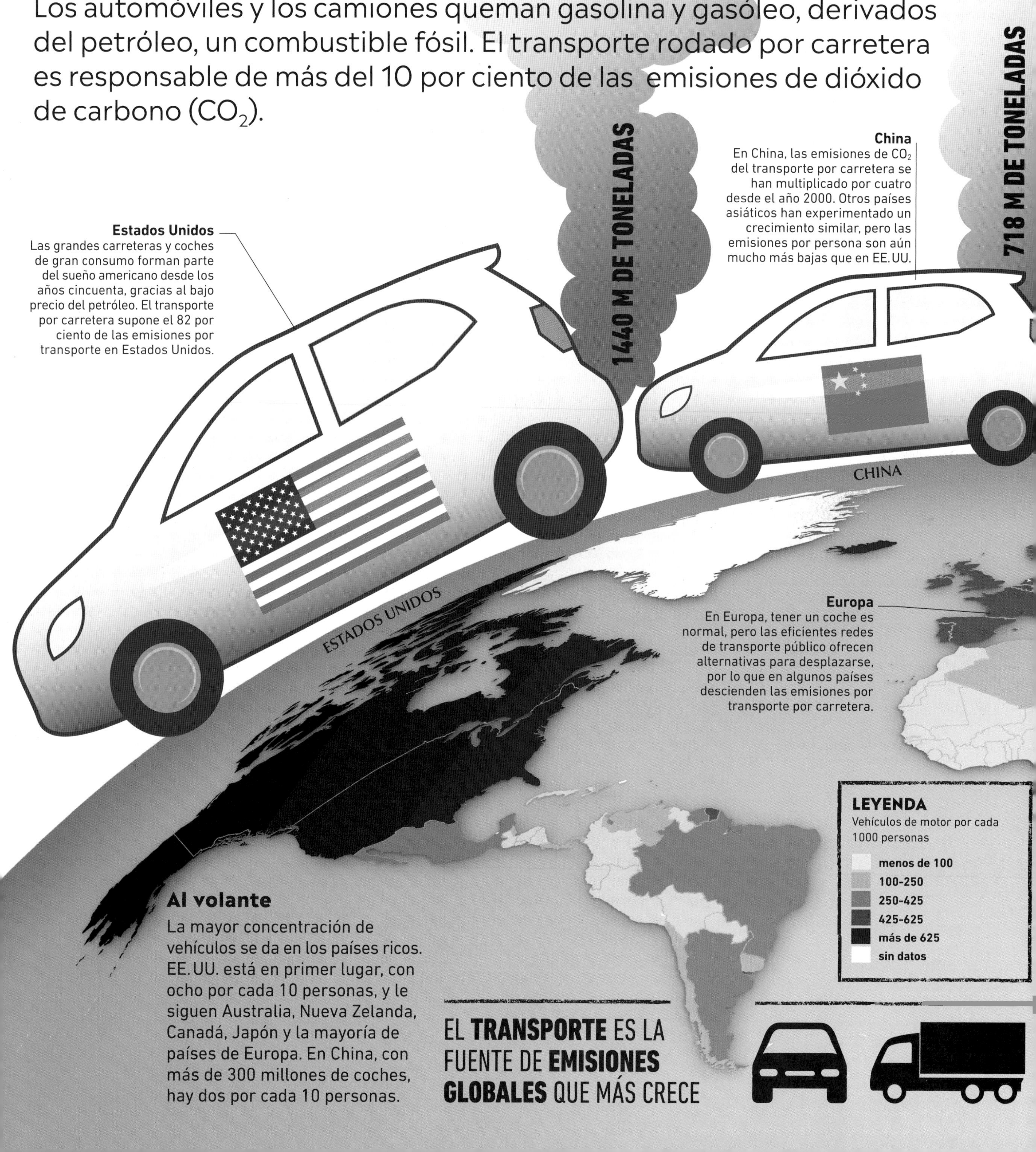

1440 M DE TONELADAS

718 M DE TONELADAS

China
En China, las emisiones de CO_2 del transporte por carretera se han multiplicado por cuatro desde el año 2000. Otros países asiáticos han experimentado un crecimiento similar, pero las emisiones por persona son aún mucho más bajas que en EE.UU.

Estados Unidos
Las grandes carreteras y coches de gran consumo forman parte del sueño americano desde los años cincuenta, gracias al bajo precio del petróleo. El transporte por carretera supone el 82 por ciento de las emisiones por transporte en Estados Unidos.

CHINA

ESTADOS UNIDOS

Europa
En Europa, tener un coche es normal, pero las eficientes redes de transporte público ofrecen alternativas para desplazarse, por lo que en algunos países descienden las emisiones por transporte por carretera.

LEYENDA
Vehículos de motor por cada 1000 personas

- menos de 100
- 100-250
- 250-425
- 425-625
- más de 625
- sin datos

Al volante
La mayor concentración de vehículos se da en los países ricos. EE.UU. está en primer lugar, con ocho por cada 10 personas, y le siguen Australia, Nueva Zelanda, Canadá, Japón y la mayoría de países de Europa. En China, con más de 300 millones de coches, hay dos por cada 10 personas.

EL **TRANSPORTE** ES LA FUENTE DE **EMISIONES GLOBALES** QUE MÁS CRECE

Emisiones de los automóviles

Globalmente, las emisiones de dióxido de carbono (CO$_2$) provenientes del transporte por carretera suponen casi tres cuartos de todo el CO$_2$ emitido por el transporte, pero algunos países echan mucho más por sus tubos de escape que otros. Los coches de transporte de personas causan el 60 por ciento de los gases de efecto invernadero del transporte por carretera. Los camiones y las camionetas emiten el resto.

¿Cómo deberíamos viajar?

Usar el transporte motorizado, ya sea para unas vacaciones, para visitar a familiares o para trabajar, incrementa nuestra huella de carbono en cantidades diferentes y es posible comparar cuánto dióxido de carbono (CO$_2$) emitimos al viajar en avión, en coche o en tren. Por ejemplo, una persona que vuela en la ruta aérea más frecuentada de Europa –de París a Toulouse– causa una emisión de CO$_2$ 28 veces mayor que si hiciera el mismo trayecto en tren. Un conductor solitario en la misma ruta es responsable de tres veces más CO$_2$ que si compartiese el coche con tres pasajeros.

6 kg de CO$_2$ Tren

35 kg de CO$_2$ — 4 personas en un coche

116 kg de CO$_2$ — 1 persona en un coche

168 kg de CO$_2$ — Avión

París-Toulouse: 676 km
Este gráfico muestra la cantidad de CO$_2$ producida por persona por diferentes métodos de transporte en la misma ruta.

265 M DE TONELADAS — LA INDIA

185 M DE TONELADAS — BRASIL

185 M DE TONELADAS — JAPÓN

158 M DE TONELADAS — ALEMANIA

149 M DE TONELADAS — RUSIA

147 M DE TONELADAS — MÉXICO

136,7 M DE TONELADAS — CANADÁ

131 M DE TONELADAS — IRÁN

Alemania
Quizá no es sorprendente que Alemania, famosa por marcas como Porsche y Volkswagen, sea un país de conductores: el 95 por ciento de sus emisiones por transporte provienen del tráfico por carretera. Un tercio de esas emisiones lo causan los camiones.

Irán
Irán tiene abundantes reservas naturales de petróleo, que usa para su transporte por carretera, la fuente de una quinta parte del CO$_2$ del país.

Australia
Australia, con una población muy dispersa y un limitado transporte público, tiene uno de los índices más altos de coches del mundo.

EL 72% DE LAS EMISIONES **DEL TRANSPORTE SE DAN EN LA CARRETERA**

29% GASES DE EFECTO **INVERNADERO EN EE. UU. POR EL TRANSPORTE**

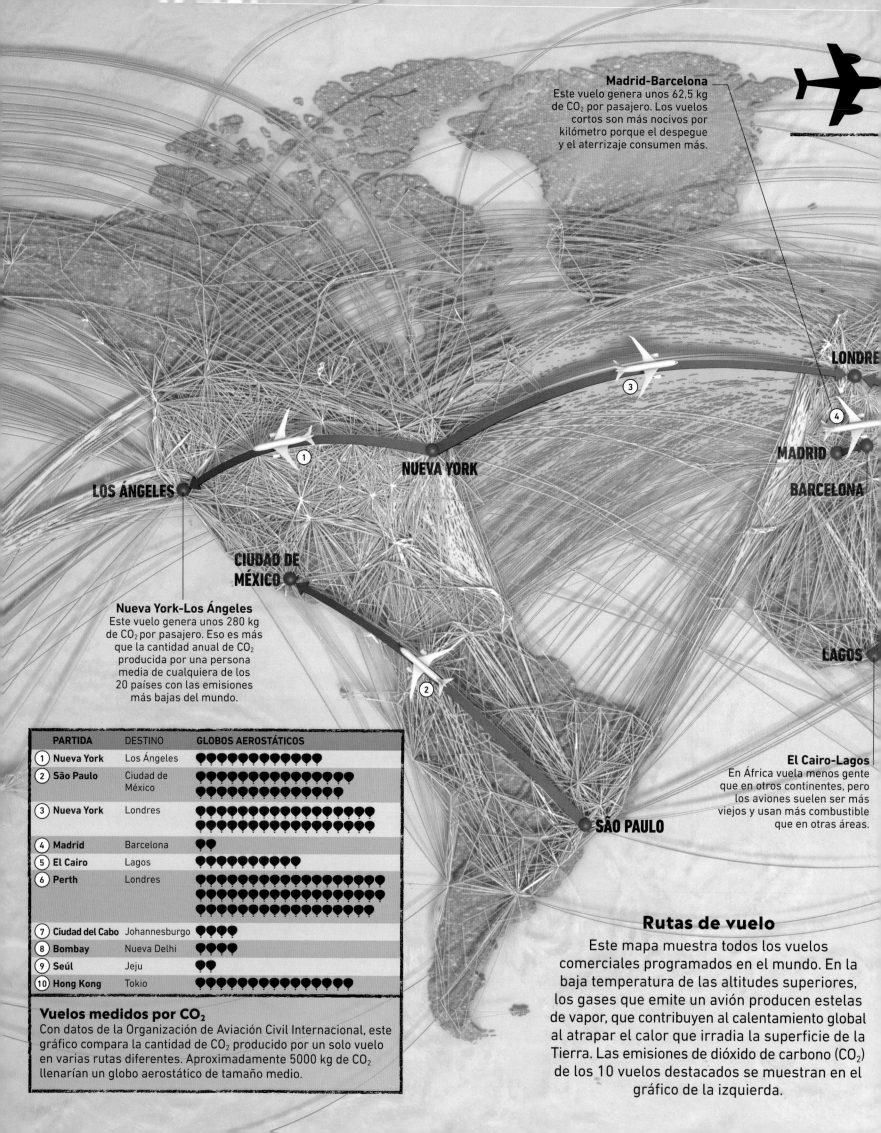

Madrid-Barcelona
Este vuelo genera unos 62,5 kg de CO_2 por pasajero. Los vuelos cortos son más nocivos por kilómetro porque el despegue y el aterrizaje consumen más.

LONDRE

MADRID

BARCELONA

NUEVA YORK

LOS ÁNGELES

CIUDAD DE MÉXICO

Nueva York-Los Ángeles
Este vuelo genera unos 280 kg de CO_2 por pasajero. Eso es más que la cantidad anual de CO_2 producida por una persona media de cualquiera de los 20 países con las emisiones más bajas del mundo.

LAGOS

El Cairo-Lagos
En África vuela menos gente que en otros continentes, pero los aviones suelen ser más viejos y usan más combustible que en otras áreas.

SÃO PAULO

	PARTIDA	DESTINO	GLOBOS AEROSTÁTICOS
1	Nueva York	Los Ángeles	🎈🎈🎈🎈🎈🎈🎈🎈🎈🎈🎈
2	São Paulo	Ciudad de México	🎈🎈🎈🎈🎈🎈🎈🎈🎈🎈🎈🎈🎈🎈🎈🎈🎈🎈
3	Nueva York	Londres	🎈🎈🎈🎈🎈🎈🎈🎈🎈🎈🎈🎈🎈🎈🎈🎈🎈🎈🎈🎈🎈🎈🎈🎈🎈🎈🎈🎈🎈🎈
4	Madrid	Barcelona	🎈🎈
5	El Cairo	Lagos	🎈🎈🎈🎈🎈🎈🎈🎈🎈🎈🎈🎈
6	Perth	Londres	🎈🎈🎈
7	Ciudad del Cabo	Johannesburgo	🎈🎈🎈🎈
8	Bombay	Nueva Delhi	🎈🎈🎈🎈
9	Seúl	Jeju	🎈🎈
10	Hong Kong	Tokio	🎈🎈🎈🎈🎈🎈🎈🎈🎈🎈🎈🎈

Vuelos medidos por CO_2
Con datos de la Organización de Aviación Civil Internacional, este gráfico compara la cantidad de CO_2 producido por un solo vuelo en varias rutas diferentes. Aproximadamente 5000 kg de CO_2 llenarían un globo aerostático de tamaño medio.

Rutas de vuelo

Este mapa muestra todos los vuelos comerciales programados en el mundo. En la baja temperatura de las altitudes superiores, los gases que emite un avión producen estelas de vapor, que contribuyen al calentamiento global al atrapar el calor que irradia la superficie de la Tierra. Las emisiones de dióxido de carbono (CO_2) de los 10 vuelos destacados se muestran en el gráfico de la izquierda.

SEÚL

JEJU

TOKIO

NUEVA DELHI

EL CAIRO

BOMBAY

HONG KONG

Seúl-Jeju
Esta es la ruta aérea más frecuentada del mundo: entre 2018 y 2019 hubo un total de 79 460 vuelos.

Perth-Londres
Este vuelo recorre unos 14 500 km y genera 498 kg de CO_2 por pasajero.

JOHANNESBURGO

PERTH

CIUDAD DEL CABO

Aviación

A medida que se ha incrementado la prosperidad global, hoy más personas pueden permitirse viajar en avión por negocios y por placer. Hoy en día, la aviación produce en torno al 2 por ciento de las emisiones de gases de efecto invernadero.

6. Distribución y venta

Los pantalones vaqueros se transportan por carretera desde los almacenes a las tiendas o, si se venden por internet, a los hogares. El transporte emite GEI y las tiendas usan mucha energía.

7. Uso del consumidor

La huella de carbono al ir a una tienda se suele infravalorar, igual que el alto coste medioambiental de lavar, secar y planchar el pantalón a lo largo de su vida útil.

ACABADO

1,7 KG DE GEI

0,5 KG DE GEI

= TOTAL 11 KG DE GEI

0,1 KG DE GEI

8. Eliminación

La mayoría de la ropa termina como residuos, lo que tiene efecto nocivo en el medio ambiente. El consumidor medio compra un pantalón vaquero al año y se lo pone unas 200 veces, pero un vestido se lo pone solo 10 veces.

5. Importación

Una vez fabricados, los pantalones se envían a todo el mundo para venderse. La mayoría se fabrican en China, México o Bangladés, donde la mano de obra es más barata.

Ciclo del vaquero

Un pantalón vaquero genera 11 kg de GEI en su vida útil. Este mapa muestra su viaje alrededor del mundo.

PARTIDA

Moda global

La industria de la moda produce una gran cantidad de gases de efecto invernadero (GEI). La moda cambia continuamente y la ropa es barata. Los consumidores llenan su armario con prendas que pronto desechan pero que dejan una huella de carbono durante años.

1,4 KG DE GEI

1. Cultivo de algodón

El cultivo intensivo del algodón genera emisiones de efecto invernadero, sobre todo óxido de nitrógeno, por el uso de fertilizantes. Cultivar algodón también requiere mucha agua: al fabricar un solo pantalón se usa la cantidad de agua que bebe una persona durante 10 años.

 **DE LA ROPA USADA** ACABA EN UN **VERTEDERO** O SE **INCINERA**

 DE MEDIA, **UN HOGAR PRODUCE** TONELADAS DE **GEI AL AÑO** A CAUSA DE LA **ROPA**

LEYENDA

El mapa muestra los gases de efecto invernadero producidos en cada etapa del ciclo útil de un pantalón vaquero.

● Fase de la producción

--- Transporte de material o productos

4. Fabricación de prendas

En el corte, cosido, lavado, secado, planchado y empaquetado de los pantalones vaqueros se usa energía de combustibles fósiles, que emiten GEI. Hasta el 20 por ciento del tejido se desperdicia en el cortado de la ropa y se desecha o se incinera.

1,8 KG DE GEI

CONTINÚA ➤

5,4 KG DE GEI

3. Producción de tejido

Hilar fibra de algodón, teñirla y tejerla para fabricar tejido vaquero con elastano, una fibra sintética hecha con combustibles fósiles, emite más gases de efecto invernadero que cualquier otra fase del proceso. También usa y contamina mucha agua.

0,1 KG DE GEI

2. Exportación de algodón

Transportar el algodón en crudo desde la plantación a las fábricas donde será procesado produce relativamente pocas emisiones, por lo que añade poco a su huella de carbono.

Desechos textiles

Estas balas de ropa usada están listas para clasificarse en un taller de Senegal. Un 15 por ciento de la ropa se usa en el mercado de segunda mano, se transforma en otros artículos o se recicla. El resto termina en un vertedero o es incinerada. Las fibras naturales, como el algodón, se biodegradan, pero las fibras sintéticas, como el poliéster, no se descomponen fácilmente y dejan microfibras en el agua. Quemar materiales libera GEI y contaminantes tóxicos a la atmósfera.

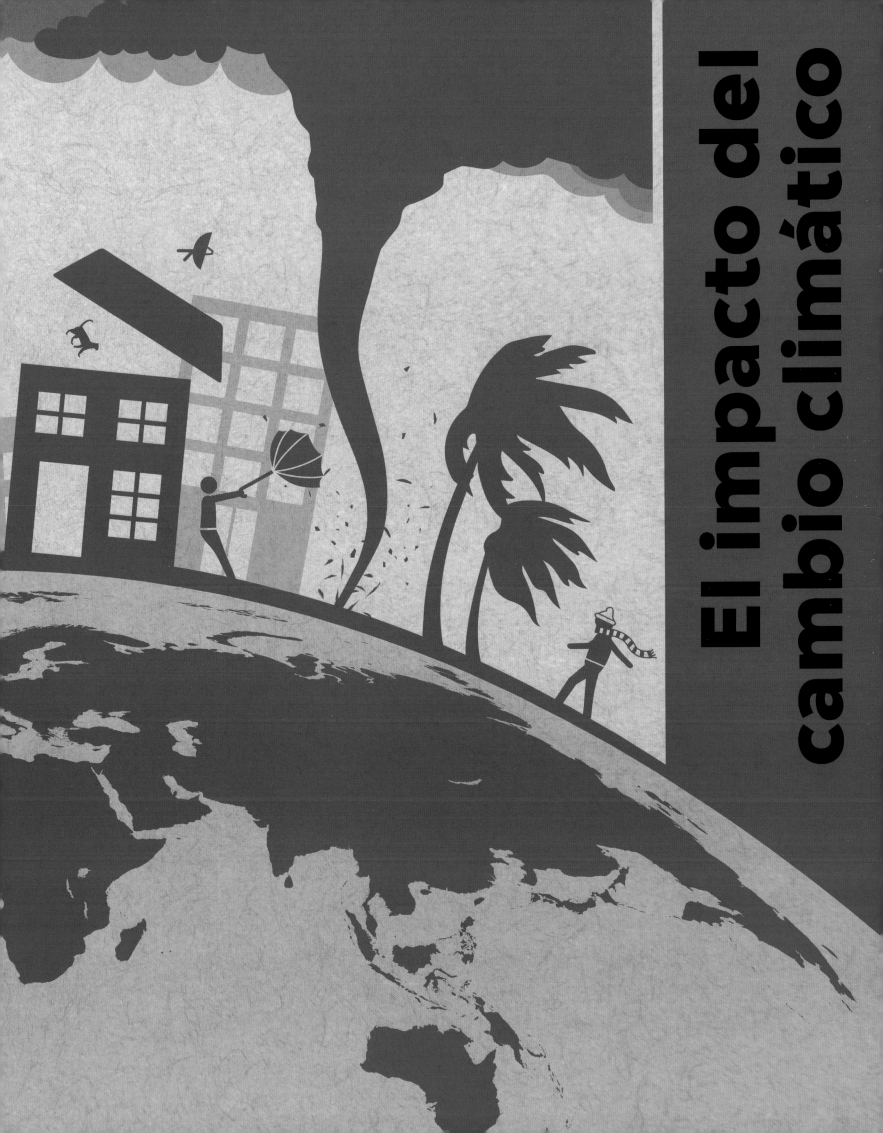

El impacto del cambio climático

¿Cómo afecta al planeta el cambio climático?

La emergencia climática ha tenido un impacto en todo el planeta, desde los desiertos hasta los polos y desde la atmósfera hasta el fondo del océano. A medida que estos entornos cambian, también cambia la vida de las personas y del resto de los seres vivos que habitan el planeta.

EFECTOS EN LAS PERSONAS Y EN LOS HÁBITATS

Pérdida de hábitat y extinciones

En todo el planeta hay hábitats naturales amenazados por el cambio climático y la diversidad está en peligro, mientras los animales luchan por adaptarse.

Migración climática

A medida que cambia el clima, la gente deja sus hogares e incluso sus países para huir de las inundaciones, las sequías y otros eventos extremos.

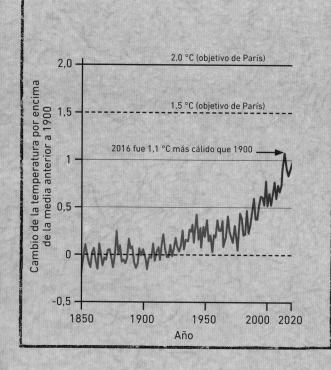

Temperaturas en ascenso
La temperatura media global es una medida de cómo cambia el clima. Este gráfico muestra en cuántos grados ha aumentado la temperatura media desde 1900 hasta hoy.

2,0 °C (objetivo de París)

1,5 °C (objetivo de París)

2016 fue 1,1 °C más cálido que 1900

Cambio de la temperatura por encima de la media anterior a 1900

2,0

1,5

1

0,5

0

-0,5

1850   1900   1950   2000   2020

Año

EFECTOS MEDIOAMBIENTALES

Clima cambiante

Los cambios en la atmósfera producen cambios en los ciclos de lluvias y aumentan las probabilidades de eventos extremos como huracanes.

Planeta bajo presión

A medida que el mundo se calienta, el clima cambia de diferentes maneras, haciendo que la vida sea más difícil.

Calentamiento de la Tierra

Las áreas de tierra expuestas a condiciones más secas y cálidas son más vulnerables a las sequías y a los incendios.

Calentamiento de los mares

Los océanos se están calentando y su nivel sube, lo que cambia la vida de los animales y de las personas que dependen de él.

El hielo se derrite

La fusión de los glaciares contribuye al ascenso del nivel del mar. El hielo del Ártico está disminuyendo.

Fusión del hielo ártico
El aumento de temperatura hace que el hielo del Ártico se derrita. En septiembre de 2012 se registró la menor área de hielo de la historia: 3 410 000 km².

-1 °C

+1 °C

Fusión de los glaciares
Los glaciares de los Alpes y otras cordilleras se derriten debido a las temperaturas en ascenso. Según los expertos, la mitad del hielo alpino habrá desaparecido en 2050.

Calentamiento
global

El efecto directo del incremento de los gases de efecto invernadero en la atmósfera terrestre es un ascenso de las temperaturas. El calentamiento global causa sequías, funde el hielo polar y calienta los océanos. Además, las temperaturas más altas generan eventos meteorológicos extremos.

+1,5 °C

Calentamiento de los océanos
Los océanos absorben más del 90 por ciento del calor atrapado por los gases de efecto invernadero. Los niveles del océano han alcanzado niveles de récord en la última década.

LEYENDA DE TEMPERATURAS
El mapa muestra regiones que eran más cálidas entre 2013 y 2017 que en el período 1950-1980, sombreado en rojo. Los cambios en el clima hacen que algunas áreas se vuelvan más frías, lo cual se muestra en azul.

Aumento máximo
4 °C

-2 °C   -1 °C   0 °C   1 °C   2 °C

Regiones que se enfrían
Algunas regiones del océano Antártico se han vuelto más frías. Los científicos creen que se debe a los efectos del calentamiento global en las corrientes oceánicas y atmosféricas.

+4 °C

-1,5 °C

+2 °C

Siberia
Esta inmensa área se calienta
al doble de velocidad que la
media mundial.

LA TEMPERATURA
MEDIA GLOBAL
FUE EN **2019**

1,1°C

MÁS CÁLIDA EN
PROMEDIO QUE
LA TEMPERATURA
ENTRE 1850
Y 1900

+1 °C

Ascenso del nivel del mar
La mayor temperatura de los océanos y
la fusión de los casquetes polares están
haciendo que suba el nivel del mar. Esto
desencadena inundaciones en zonas de
baja altitud como el delta del Ganges.

Temperaturas globales

Este mapa refleja las anomalías
térmicas (por encima o por debajo de
la media de 1950-1980) en la media
de cinco años entre 2013 y 2017. Indica
que las temperaturas han subido más
rápidamente en las regiones árticas que
en las áreas cercanas al Ecuador.

+1 °C

EN **2020**
LA TEMPERATURA
DE LA ANTÁRTIDA
ALCANZÓ POR
PRIMERA VEZ LOS

20°C

Temperaturas extremas

Según los científicos, la década entre 2010 y 2019 fue
la más cálida jamás registrada. Solo en 2019 hubo 396
récords de temperatura en el hemisferio norte. Ese año
fue también el más cálido en Australia y en Europa.
Sin embargo, en algunas regiones se han registrado
temperaturas más frías. La bajada de las temperaturas
en el Atlántico norte puede deberse al agua dulce que
proviene de la fusión de los casquetes polares.

Incendios forestales
En Australia, las altas
temperaturas están secando
la vegetación y aumentan la
frecuencia e intensidad de
los incendios.

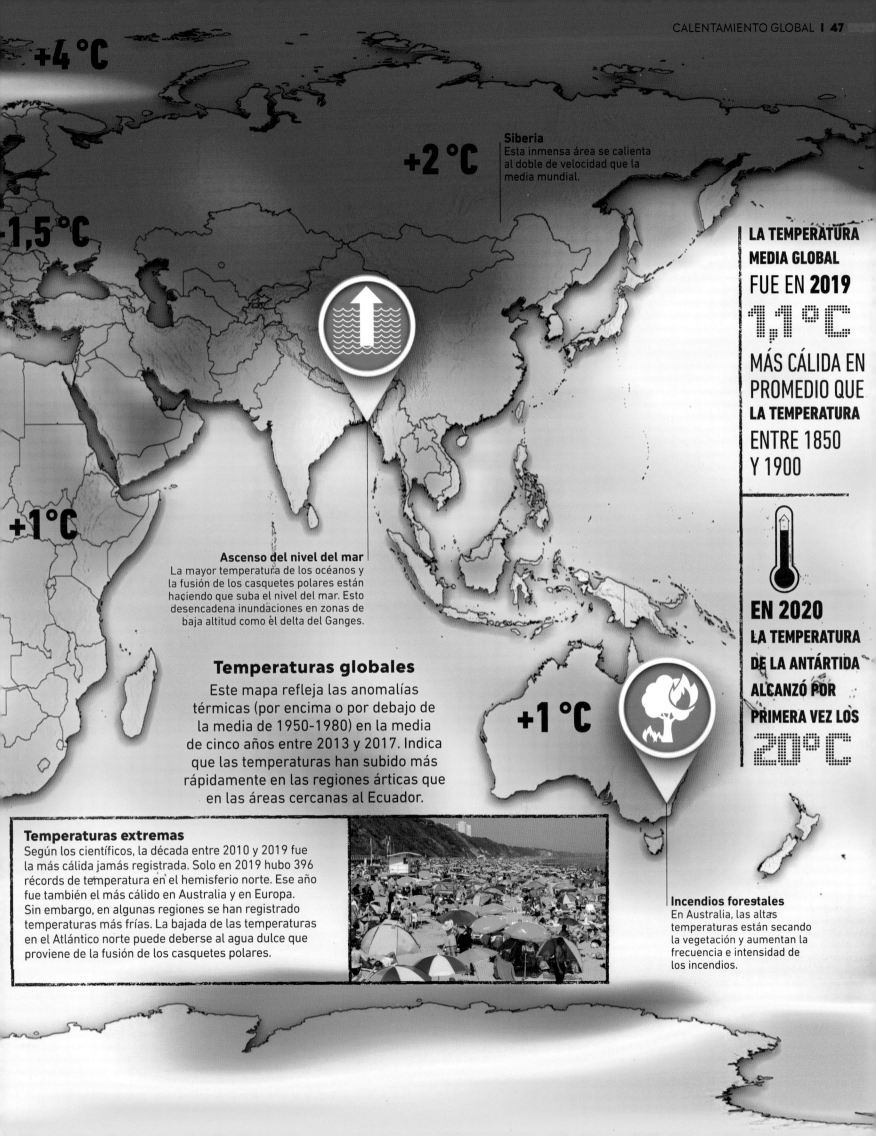

Canadá, 2019
Se registró por primera vez una temperatura de 21 °C en el lugar habitado más septentrional.

Groenlandia, 2019
11 500 millones de toneladas de hielo se derritieron en un solo día.

California, EE. UU., 2018
Los incendios forestales más destructores se registraron en California: destruyeron 22 000 estructuras y se perdieron 95 vidas humanas.

Alaska, EE. UU., 2019
El hielo marino se derritió durante el año más cálido registrado. Por primera vez se registró una temperatura de 32,2 °C.

Reino Unido, 2020
Las tormentas causaron fuertes lluvias e inundaciones.

Canadá, 2020
Un récord de 76,2 cm de nieve cayó sobre Terranova en un solo día.

Francia, 2019
Una ola de calor provocó temperaturas de récord de hasta 45,9 °C.

Texas, EE. UU., 2017
Durante el huracán Harvey, lluvias de récord durante 4 días dieron lugar a unas inundaciones catastróficas.

Huracán María, 2017
Esta mortífera tormenta causó una gran destrucción en el Caribe.

España, 2019
Una ola de calor provocó los peores incendios de los últimos 20 años.

Cuba, 2020
La isla sufrió su día más caluroso jamás registrado: 39,3 °C.

Perú, 2017
Las lluvias extremas provocaron corrimientos de tierra y desbordamiento de ríos. Los científicos creen que la actividad humana fue en parte la causa.

Huracán Irma, 2017
El huracán atlántico más fuerte en una década, Irma, mató a más de 134 personas.

África occidental, 2012
Las inundaciones destruyeron hogares y cosechas.

Chile, 2019
Por primera vez, las temperaturas llegaron a los 32,2 °C en el extremo sur del país.

Bolivia y Paraguay, 2017
Las fuertes lluvias causaron corrimientos de tierra e inundaciones.

Sur de África, 2019
La severa sequía destruyó ganados y cosechas.

Argentina, 2019
En un solo día, cayeron 224 mm de lluvia, todo un récord.

Clima extremo en el mundo

Este mapa muestra algunos eventos de clima extremo que han tenido lugar en la última década, entre ellos temperaturas más altas que nunca en muchos países. Los climatólogos han demostrado que la actividad humana ha hecho que estos eventos sean más frecuentes.

Chile, 2017
Las altas temperaturas, la sequía y los fuertes vientos provocaron los peores incendios forestales de la historia reciente de Chile.

Clima extremo

En décadas recientes, eventos meteorológicos extremos, como olas de calor, inundaciones relámpago y enormes huracanes han afectado con mayor frecuencia muchos lugares del globo. Su número, intensidad y distribución indican un cambio importante en el clima de la Tierra.

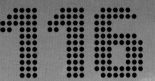 **OLAS DE CALOR** DESPUÉS DEL AÑO 2000 HAN SIDO **MÁS INTENSAS** A CAUSA DEL **CAMBIO CLIMÁTICO**

EL COSTE DEL **CLIMA EXTREMO** SUPERÓ LOS **100 000 MILLONES** SOLO EN EL AÑO **2019**

Irán, 2019
Una provincia recibió el 70 por ciento de sus lluvias anuales en un solo día.

China, 2018
Beijing tuvo 145 días sin lluvia, el período más largo desde que se tienen registros.

Italia, 2019
Las lluvias provocaron las peores inundaciones en 50 años.

Estrecho de Bering, 2018
El hielo marino invernal sufrió el nivel más bajo desde que comenzaron los registros en 1850.

Siria, 2019
Las fuertes lluvias inundaron los campamentos de refugiados.

Siberia, 2019
Los incendios forestales arrasaron más de 28 500 km² de bosque.

Israel, 2019
La temperatura alcanzó los 49,9 °C en una ola de calor que batió récords.

Egipto, 2015
Una ola de calor mató a más de 100 personas.

Vietnam, 2019
Las temperaturas alcanzaron un máximo de 43,4 °C.

Este de África, 2019
Las inundaciones causaron una gran destrucción.

Corea del Sur, 2018
La peor ola de calor desde que comenzaron a registrarse, en 1973.

Tifón Hagibis, 2019
El tifón más terrible en Japón en seis décadas causó una gran destrucción.

Monzón, 2019
En una ola de calor, más de 1600 personas murieron en la India durante las lluvias más intensas en 25 años.

Este de África, 2011
Las altas temperaturas y la escasez de lluvias provocaron una sequía.

Ciclón Idai, 2019
Uno de los ciclones más mortíferos registrados. Mató a más de 1300 personas.

Ciclón Kyarr, 2019
Uno de los ciclones oceánicos más terribles de la India. Causó fuertes vientos e inundaciones relámpago.

Indonesia, 2020
Las inundaciones obligaron a miles de personas a dejar sus casas.

Atribución de clima extremo

Una ciencia llamada «atribución de clima extremo» se encarga de averiguar si los eventos meteorológicos extremos están causados por la actividad humana. Los científicos crean modelos meteorológicos sin contar los gases de efecto invernadero creados por los seres humanos. Comparan los modelos con datos meteorológicos reales (como imágenes tomadas desde el espacio, a la derecha) y analizan las diferencias y las posibles causas.

 **PERSONAS MURIERON EN FRANCIA** A CONSECUENCIA DE LA **OLA DE CALOR EUROPEA DE 2019**

Australia, 2020
Una histórica ola de calor provocó enormes incendios forestales. Se quemó un área de 186 000 km².

La fusión se acelera
En el año 2000, la extensión mínima anual del hielo se había reducido a 6,4 millones de km². La disminución del hielo comenzó a acelerarse en los años noventa a medida que el impacto de los gases de efecto invernadero se intensificaba.

Una mayor extensión
La extensión mínima anual del hielo en 1980 era de unos 7,9 millones de km². La mayoría del hielo en 1980 era además más grueso que hoy en día, por lo que duraba más de un año.

Extensión del hielo ártico

Este mapa muestra la disminución de la extensión mínima anual de hielo en el Ártico en 1980, 2000 y 2019. El hielo ártico aumenta en invierno y se derrite durante el verano; llega a su mínimo en septiembre.

2019

2000

1980

LEYENDA
Las áreas sombreadas muestran la extensión del hielo ártico en diferentes etapas desde 1980.

- 1980
- 2000
- 2019

Menos hielo polar

El Ártico es un mar helado y se calienta más deprisa que ningún otro lugar del planeta. La fusión de su hielo pone en peligro la vida animal y la subsistencia de las personas que viven de los recursos polares. En la región también desaparecen las capas de hielo situadas en tierra, lo que provoca un ascenso del nivel del mar.

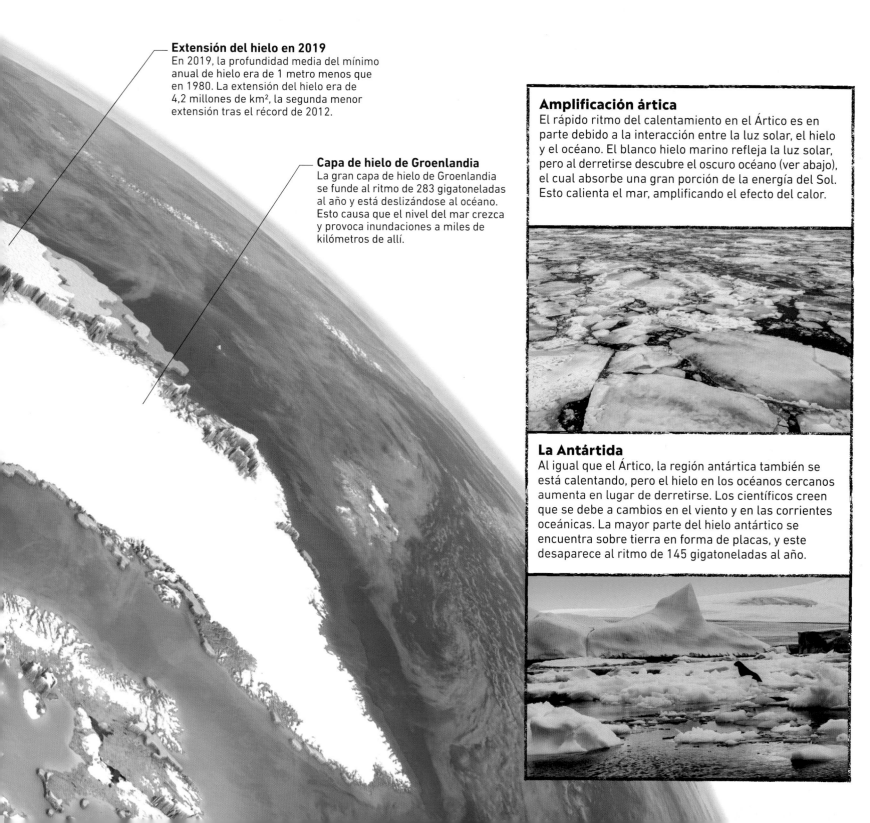

Extensión del hielo en 2019
En 2019, la profundidad media del mínimo anual de hielo era de 1 metro menos que en 1980. La extensión del hielo era de 4,2 millones de km², la segunda menor extensión tras el récord de 2012.

Capa de hielo de Groenlandia
La gran capa de hielo de Groenlandia se funde al ritmo de 283 gigatoneladas al año y está deslizándose al océano. Esto causa que el nivel del mar crezca y provoca inundaciones a miles de kilómetros de allí.

Amplificación ártica
El rápido ritmo del calentamiento en el Ártico es en parte debido a la interacción entre la luz solar, el hielo y el océano. El blanco hielo marino refleja la luz solar, pero al derretirse descubre el oscuro océano (ver abajo), el cual absorbe una gran porción de la energía del Sol. Esto calienta el mar, amplificando el efecto del calor.

La Antártida
Al igual que el Ártico, la región antártica también se está calentando, pero el hielo en los océanos cercanos aumenta en lugar de derretirse. Los científicos creen que se debe a cambios en el viento y en las corrientes oceánicas. La mayor parte del hielo antártico se encuentra sobre tierra en forma de placas, y este desaparece al ritmo de 145 gigatoneladas al año.

El día en que se tomó esta foto, se derritieron más de 2000 millones de toneladas de hielo en Groenlandia.

Fusión de la capa de hielo

Estos perros husky, que arrastran el trineo de los climatólogos del Instituto Meteorológico Danés, corren sobre agua hasta los tobillos tras las temperaturas inusualmente altas que derritieron parte de la placa de hielo del fiordo Inglefield Bredning, en el norte de Groenlandia. El grueso hielo flotante se forma cada invierno en el fiordo y se derrite en julio y agosto. Sin embargo, en 2019, temperaturas por encima de la media en Groenlandia y en toda la región ártica hicieron que el hielo se fundiera mucho antes de lo habitual. El 12 de junio, el día antes de que se tomase esta foto, la temperatura era de más de 22 °C por encima de lo normal.

Pacífico norte
Una persistente ola de calor en el norte del Pacífico –«The Blob»– ha afectado a la pesca en la región.

Miami
Miami sufre a menudo inundaciones tras las llamadas mareas rey (las mareas más altas). Si el clima se calentara solo 2 °C, esta ciudad desaparecería.

Atlántico norte
Los científicos creen que es posible que un cambio en las corrientes oceánicas haya causado que se calienten unas regiones y se enfríen otras en el Atlántico norte.

Océano Atlántico
Los ciclones tropicales en el Atlántico están haciéndose más intensos debido al calentamiento de la superficie del océano.

LEYENDA
Este mapa muestra cómo ha cambiado la cantidad de energía en forma de calor (en gigajulios) que contienen en 2019 los océanos comparada con el período 1981-2010. En las áreas en rojo y naranja el calor ha aumentado, mientras que ha disminuido en las áreas en azul.

🥚 **Ciudades costeras con población de más de cinco millones de habitantes amenazadas por la subida del nivel del mar**

4
3
2
1
0
-1
-2
-3

CAMBIO EN CONTENIDO DE CALOR EN GIGAJULIOS POR M²

Río de Janeiro
La segunda ciudad más grande de Brasil es famosa por sus playas, que probablemente quedarán erosionadas al subir el nivel del mar.

Más calor
En 2019, los océanos estuvieron más calientes que nunca desde que hay registros. Al calentarse, el agua se expande y ocupa más espacio, lo que contribuye a la subida del nivel del mar y pone en peligro la subsistencia de millones de personas que viven en zonas costeras vulnerables. En el mapa aparecen algunas de esas ciudades.

Atlántico sur
Una gran proporción del calor mundial se absorbe en el sur del Atlántico, donde las corrientes llevan el agua caliente a las profundidades.

El océano se calienta

Al aumentar el nivel de los gases de efecto invernadero en la atmósfera y calentarse el planeta, el 90 por ciento del exceso de calor va a parar a los océanos. Estos pueden absorber una gran cantidad de energía con solo un pequeño incremento de temperatura, pero el calentamiento hace que suban los niveles del mar y se dañen los delicados ecosistemas marinos.

EL NIVEL DEL MAR SUBE 3,6 MM CADA AÑO

800 MILLONES DE PERSONAS VIVEN EN CIUDADES VULNERABLES A UNA SUBIDA DEL NIVEL DEL MAR DE 0,5 M

Alejandría
Las playas de Alejandría, la segunda ciudad más grande de Egipto, ya están desapareciendo. Hasta el 30 por ciento de la ciudad quedará destruida si el nivel asciende tan solo 0,5 m.

Daca
La capital de Bangladés tiene 19 millones de habitantes. Muchos de los más pobres viven en las áreas más vulnerables a las inundaciones.

Osaka
Esta ciudad de Japón ha sufrido daños debido a las inundaciones causadas por ciclones y tsunamis, a pesar de la red de malecones y defensas contra inundaciones.

Shanghái
Shanghái tiene el puerto más grande del mundo y 25 millones de habitantes. Se está hundiendo bajo el peso de su propio desarrollo, lo que la hace todavía más vulnerable.

Maldivas
Este país, compuesto por más de 1000 islas de coral, es la nación más baja del mundo. La altitud media es de 1,5 m sobre el nivel del mar. La subida del nivel del mar amenaza incluso su existencia.

Subida del nivel del mar
Los niveles marinos están subiendo porque el agua se expande al calentarse y los glaciares y casquetes polares se están fundiendo, lo que aumenta la cantidad de agua en el océano. Aunque las emisiones se redujesen de forma drástica, un incremento de la temperatura de 1,5 °C causaría que los mares ascendieran 0,7 metros antes de 2100, lo que cambiaría las líneas costeras y amenazaría las islas de poca altitud, como las Maldivas (arriba).

Blanqueo del coral
El calentamiento de los océanos tiene un efecto devastador en los arrecifes de coral. Muchos tipos de corales contienen algas que les dan nutrientes y dan al coral su color. Cuando el agua se calienta demasiado, el coral expulsa esas algas y se vuelve blanco. Este fenómeno, que se conoce como blanqueo del coral, lo debilita y puede matarlo. Desde 2016, la mitad de la Gran Barrera de Coral, en Australia, ha muerto a causa del blanqueo del coral.

Acidificación del océano
El agua marina absorbe carbono de la atmósfera. A medida que ascienden los niveles de carbono del mar, el agua se vuelve más ácida. Muchos organismos marinos extraen minerales del agua para construir sus caparazones y la acidificación del mar hace que esto sea más difícil. Muchos de estos animales en peligro, como el diminuto caracol marino de la imagen de arriba, forman parte del plancton, del que depende todo el ecosistema marino.

Ciclos de precipitaciones

Este mapa muestra la diferencia en los promedios de lluvias entre los períodos 1980-2000 y 2001-2020. Las zonas áridas se secan y las húmedas se hacen más húmedas, mientras que las tormentas son cada vez más intensas.

Sequía, Estados Unidos

Las olas de calor y las bajas precipitaciones produjeron sequías en muchas áreas de Estados Unidos entre 2010 y 2013, lo que afectó a los cultivos y a los precios de los alimentos.

Océano Atlántico

Las temperaturas más altas aumentan el vapor de agua en la atmósfera, lo cual crea tormentas y huracanes sobre el océano.

Sequía, África subsahariana

La escasez de lluvias en el África subsahariana afecta a las cosechas y causa escasez de agua en una región cuya población crece rápidamente.

Fuertes lluvias, Sudamérica

Los aguaceros inusualmente fuertes, que causan inundaciones relámpago y corrimientos de tierra, son cada vez más comunes en países tropicales como Colombia, Brasil y Perú.

Lluvias torrenciales, África occidental

En Kinsasa, República Democrática del Congo, las inundaciones relámpago y los corrimientos de tierra destruyeron puentes, carreteras y hogares en 2019.

Lluvia radical

El cambio climático ha alterado los ciclos de lluvias. Mientras que unas zonas reciben menos lluvias que antes, otras sufren inundaciones. Estos cambios se han producido rápidamente, en los últimos 20 o 40 años, por lo que ha habido poco tiempo para adaptarse.

Desertización

La reducción de las lluvias hace que tierras fértiles se vuelvan áridas mediante un proceso llamado desertización. Las zonas áridas, como en el este de África (arriba), ocupan el 40 por ciento de la Tierra y ese porcentaje va a subir. La mayoría de las zonas áridas están situadas en países en vías de desarrollo que dependen en gran medida de la agricultura y las lluvias.

MILES DE MILLONES DE DÓLARES ES EL COSTE ANUAL ESTIMADO DE LAS SEQUÍAS EN EL MUNDO

Sequías, Cáucaso
Las temperaturas en ascenso y la reducción de las lluvias erosionan suelos que eran fértiles y causan enfermedades de las cosechas en la región entre el mar Negro y el mar Caspio.

Sequía, Siberia
Las bajas precipitaciones están empeorando las sequías en Siberia. La vegetación seca contribuye a los incendios forestales.

Lluvias extremas, la India
Los eventos de lluvias extremas, que ocasionan inundaciones generalizadas, se han multiplicado por tres en el centro de la India entre 1950 y 2015.

Leyenda de lluvias
Las áreas rojas indican lugares donde las precipitaciones son más bajas. Las azules indican altas precipitaciones.

CAMBIO EN PRECIPITACIONES DIARIAS MEDIAS
2001-2020 menos 1980-2000
Mayor incremento de lluvias
18,7 mm

Milímetros

Mayor reducción de lluvias
-5,9 mm

Algunos días, el incremento y la reducción de lluvias fueron mayores de lo que se muestra en el mapa.

Inundaciones, Kenia
En 2018, 85 km² de cultivos quedaron destruidos por las inundaciones tras una severa sequía.

Sequías, Camboya y Vietnam
Las altas temperaturas y las bajas precipitaciones en la región hacen que las sequías sean más frecuentes.

Aguaceros, Indonesia
Las lluvias monzónicas y los tifones se están haciendo más intensos y difíciles de predecir.

Sequías, Australia
Australia lleva años cada vez con menos lluvia. En 2019, el país sufrió su peor sequía desde que comenzaron los registros en 1900.

Aguaceros devastadores
El calentamiento global está causando intensas trombas de agua, sobre todo en los trópicos. Esto sucede porque el aire más caliente contiene más humedad, lo que crea una acumulación de vapor que finalmente provoca lluvias. Las inundaciones causadas por las lluvias torrenciales no solo destruyen hogares y carreteras, también destruyen las cosechas y causan erosión del suelo (a la derecha, en la India). Y hacen que el acceso a los alimentos sea más difícil en muchos lugares donde la comida es escasa.

LA **MAYORÍA** DE LOS LUGARES SUFRIRÁN UN **INCREMENTO DE FUERTES LLUVIAS** DEL 16-24 POR CIENTO EN **2100**

MIL MILLONES DE PERSONAS VIVEN EN ZONAS EN LAS QUE HAY **CARESTÍA DE AGUA**

34

PERSONAS MUERTAS EN LOS FUEGOS DE 2019-2020

6000

HOGARES QUEDARON DESTRUIDOS

En 2019, una histórica ola de calor, seguida por un récord de bajas precipitaciones, produjo la peor sequía de la historia de Australia. Las temperaturas fueron al menos 1,5 °C más altas que la media y solo cayeron 278 mm de lluvia, un 40 por ciento menos que en un año típico. Existe evidencia abrumadora de que la sequía, que creó un polvorín para los incendios forestales, ocurrió como resultado del cambio climático.

Los incendios sin control destruyeron hogares y mataron a muchas personas en toda Australia. Los incendios fueron más feroces en el populoso sudeste, donde se acercaron a la capital, Canberra (arriba). Asfixiantes nubes de humo engulleron ciudades y cientos de municipios más pequeños fueron evacuados. Los bomberos no pudieron controlar los incendios debido al increíble calor que despedían las llamas.

Animales de Australia, como canguros y koalas, aparecieron en las noticias de todo el mundo al quedar destruido su hábitat por el fuego. Eran solo algunos de los cientos de millones de animales, incluyendo ganado, que murieron en los incendios. Los que sobrevivieron sufrieron una catastrófica falta de alimento y de agua, lo que les produjo una severa malnutrición.

Océano Índico
Cambios en las corrientes del océano Índico, que hacen circular aguas cálidas y frías entre la India y Australia, han contribuido a los veranos secos de Australia.

AUSTRALIA OCCIDENTAL

Perth

Albany

Australia occidental
Pese a un ciclón tropical, que causó inundaciones a comienzos de 2019, el estado sufrió el año más cálido y uno de los más secos. Los incendios arrasaron los bosques cuando el viento que traía la lluvia viró al sur.

Infierno en llamas

Tras el año más cálido y seco, los incendios forestales ardieron por toda Australia desde finales de 2019, quemando 100 000 km² –la superficie de Islandia– y extendiendo por el mundo una nube tóxica de humo del tamaño de Europa. Más de un centenar de incendios ardieron en un período de tres meses, produciendo un intenso calor y liberando más dióxido de carbono a la atmósfera que el que produce toda Australia en un año.

Incendios en Australia

Los incendios forestales forman parte de la vida en Australia, pero en 2019- 2020 una cantidad nunca vista arrasó el país y destruyó más del 20 por ciento del bosque. Los climatólogos atribuyen su severidad al clima más cálido y seco provocado por el cambio climático.

Norte de Queensland
A comienzos de 2019, las lluvias en la costa de Queensland permitieron que los bomberos pudieran quemar los matorrales para eliminar el combustible de futuros incendios. Pero en diciembre, cuando la temperatura llegó a los 47,7 °C en Birdsville, en el interior, se produjeron incendios en los bosques del estado.

Cairns

Townsville

TERRITORIO DEL NORTE

Alice Springs

Birdsville

QUEENSLAND

SUR DE DE AUSTRALIA

Brisbane

NUEVA GALES DEL SUR

Adelaida

CANBERRA

Sídney

VICTORIA

Isla Canguro
Dos personas y hasta 25 000 koalas murieron en los incendios que arrasaron esta isla en el sur de Australia. No se sabe si han sobrevivido especies en peligro como el dunnart, un marsupial parecido a un ratón.

Melbourne

Sudeste de Australia
Los rayos de las tormentas secas provocaron incendios en Nueva Gales del Sur y Victoria. Tras años de bajas precipitaciones, los bomberos fueron incapaces de despejar el bosque para crear cortafuegos. Miles de personas huyeron de sus hogares y vastas áreas de bosques venerables se quemaron por completo. Hasta mil millones de aves, reptiles y mamíferos perecieron. En las ciudades de Sídney, Melbourne y Canberra, el humo volvió el aire difícil de respirar.

Tasmania
Tasmania registró la temperatura más alta de su historia, con 40 °C durante varios días. Los incendios, alimentados por los fuertes vientos, quemaron pinos Huon de 3000 años.

TASMANIA

Hobart

Amenaza a la biodiversidad

Este mapa muestra dónde está más en peligro la biodiversidad por causa del cambio climático. Un abrumador 75 por ciento de todos los entornos terrestres han sido alterados severamente por la actividad humana, con desastrosos efectos para las plantas y los animales.

EL 25% DE LAS ESPECIES ESTÁ EN RIESGO DE DESAPARECER

1 MILLÓN DE ESPECIES DE PLANTAS Y ANIMALES, EN PELIGRO DE EXTINCIÓN

Bombus frigidus
Este abejorro, que vive en los fríos bosques de coníferas de América del Norte, sobrevive en una estrecha franja térmica.

Oso polar
El Ártico se calienta el doble de rápido que la media global, lo que hace que el hielo se derrita. Los osos polares se alimentan de focas, que cazan en el hielo. Las focas también necesitan el hielo para cuidar de sus crías.

Pica americana
Esta criatura alpina está afectada por la ausencia de nieve, que la mantiene caliente en invierno, y por los veranos calurosos. Forzada a trasladarse a más altitud, donde hace más frío pero las condiciones son más duras, lucha por sobrevivir.

Tortuga boba
Las crecientes temperaturas en las playas donde anidan las tortugas marinas hacen que nazcan más hembras que machos.

Mariposa monarca
El cambio climático y la pérdida de hábitat ponen en peligro la migración anual de la mariposa monarca, que en verano viaja hacia el norte para criar. La agricultura está acabando con las asclepias, plantas de las que se alimentan sus orugas.

Rana dardo venenoso
No puede regular su temperatura corporal, y le es difícil sobrevivir en un clima más cálido cuando se talan los frescos bosques de los humedales.

Animales en peligro

El cambio climático y el clima extremo tienen un gran impacto en los hábitats naturales y en la biodiversidad, desde el hielo marino del Ártico, donde viven los osos polares, hasta los incendios. El cambio climático también obliga al ser humano a competir con los animales por unos recursos más escasos.

Elefante africano
Los elefantes necesitan grandes cantidades de agua para poder sobrevivir, migrar y reproducirse.

Guacamayo jacinto
La ganadería y las sequías amenazan el hábitat boscoso y la dieta a base de nueces de estos loros, además de a otros miles de especies que juntas forman el complejo ecosistema del Amazonas.

Kril antártico
La mayor temperatura del mar altera la migración y la cría del kril, unas pequeñas criaturas parecidas a gambas que son el alimento de la ballena jorobada.

Pingüino de Adelia
Es un 70 por ciento menos abundante que hace medio siglo y se prevé que su número disminuya con el aumento de la temperatura del mar en el norte de la Antártida.

Zorro ártico
Se ha cazado mucho por su piel, pero desde que las pieles pasaron de moda, su número ha crecido. Las temperaturas cada vez más altas y los zorros comunes los están empujando cada vez más hacia el norte de la tundra.

Abejaruco europeo
Esta colorida ave ha cambiado su ruta migratoria entre Europa y África a medida que el cambio climático la ha empujado al norte para criar. Además, las escalas en humedales se han reducido.

Tigre siberiano
Quedan menos de 600 tigres siberianos. La tala de los bosques de pino coreano que son su hábitat, junto con las temporadas de incendios forestales más largas, secas y cálidas, los está poniendo al borde de la extinción.

LEYENDA
Las áreas en rojo muestran dónde hay un gran número de especies en peligro de extinción a medida que el cambio climático y la pérdida de hábitat pone en peligro la red de la vida en sus frágiles ecosistemas.

■ Áreas en peligro

Leopardo de las nieves
Ya vulnerable debido a la caza, pierde su hábitat porque los pastores trasladan sus rebaños a las altiplanicies y montañas de Asia central al secarse las praderas de menor altitud.

Panda gigante
El bambú del que se alimentan los pandas gigantes se muere cada pocos años. Los nuevos brotes no crecen lo bastante rápido a medida que el cambio climático empuja a estos osos montaña arriba.

Pez payaso
Los arrecifes de coral que son su hábitat están en peligro por la acidificación y el calentamiento del océano. Esto altera su capacidad para reproducirse.

Rinoceronte negro
La población de rinoceronte negro oriental ya había sido diezmada por la caza. Ahora los rinocerontes, debido a las sequías extremas, se enfrentan a la falta de agua y de comida.

Lémur de cola anillada
Su hábitat en los bosques secos de Madagascar se está destruyendo para crear pastizales para ganado, lo que pone a este primate en peligro por las sequías a medida que la tierra se vuelve más árida.

Orangután de Borneo
En los últimos 20 años se han perdido la mitad de los bosques que son su hábitat, a causa de la industria maderera y las plantaciones de aceite de palma. La pérdida de bosques también altera el abastecimiento de agua, lo que aumenta el riesgo de incendios y sequías.

Gorila de montaña
Los cambios de temperatura y lluvias y la presión humana empujan a estos escasos simios a mayores altitudes en las laderas boscosas donde viven. Les cuesta encontrar comida y se exponen a enfermedades.

Ecosistemas y hábitats en peligro

 Tundra y taiga A medida que el hielo marino y el permafrost se derriten, las especies árticas luchan por sobrevivir, y las plantas y los animales subárticos se trasladan más al norte.

 Bosques templados Los bosques de hoja caduca crecen más cerca de los polos, y las lluvias los hacen o más húmedos o más secos, desestabilizando sus ecosistemas.

 Selvas tropicales Las temperaturas en ascenso, las bajas precipitaciones, el suelo más seco y el mayor riesgo de incendios están transformando los ecosistemas forestales.

 Montañas Las especies que viven en lo alto de las montañas luchan por sobrevivir a medida que suben las temperaturas y otras especies se trasladan laderas arriba y ocupan su lugar.

 Praderas Las temperaturas más cálidas alteran las lluvias y hacen más frecuentes las sequías. Los animales tienen que migrar largas distancias para encontrar condiciones favorables.

 Humedales Los humedales de agua dulce se están secando, mientras el ascendente nivel del mar inunda los humedales costeros, afectando la migración y la reproducción de las aves.

Walabí de cola de cepillo
Estos pequeños marsupiales están en peligro de extinción por los terribles incendios que han azotado Australia. Aunque sobrevivan al fuego, se quedan sin comida debido a que la vegetación de la que se alimentan se ha quemado.

El 2019 fue el año más cálido y seco de Australia desde que se tienen datos: temperaturas 1,5 °C más altas y lluvias un 40% por debajo de la media.

Tierra abrasada

Un granjero da pienso a sus ovejas en un prado seco en una granja de Nueva Gales del Sur, en Australia. Las sequías forman parte del clima de Australia, pero los últimos años han sido muy duros. En 2019 hubo temperaturas históricas y pocas precipitaciones, lo que hizo que la sequía fuera la peor en más de un siglo. Los ríos se secaron y los embalses quedaron en niveles mínimos. La sequedad tuvo un papel importante en los devastadores incendios de 2019-2020, que arrasaron grandes áreas del país. Nueva Gales del Sur fue el estado más afectado, con 50 000 km² de tierra quemada y más de 2000 hogares destruidos.

Luisiana, Estados Unidos
Durante décadas, la isla de Jean Charles se hunde a medida que sube el nivel del mar. En 2016 se decidió trasladar la ciudad a un terreno más alto.

Shishmaref, Alaska, Estados Unidos

Groenlandia
El deshielo afecta a la subsistencia de la población local, que necesita el hielo para transportarse y cazar.

Reino Unido
Las graves inundaciones causadas por las tormentas obligaron a la población a abandonar sus hogares durante el invierno de 2019-2020.

California, Estados Unidos
En 2018, el 95 por ciento del municipio de Paradise se quemó en uno de los peores incendios forestales de la historia de California, lo que dejó a sus residentes sin hogar.

África subsahariana
El desierto del Sahara se expande a medida que el clima se hace más cálido y más seco. La tierra que se usaba para la agricultura se ha vuelto inservible.

Incendios en España y Portugal

Corredor seco, América Central
Debido a la sequía, el café, los cereales y otros cultivos sufren. La gente, privada de su medio de vida, se traslada hacia el norte, a Estados Unidos.

Malas cosechas en Honduras

Huracán María

Nigeria
Las inundaciones, el nivel del mar y las sequías han afectado a las cosechas.

Nivel ascendente del mar en Kiribati

Viviendas
en peligro

Cada año, millones de personas se ven forzadas a abandonar sus hogares por el cambio climático. Las causas pueden ser súbitos eventos meteorológicos, como tormentas, o peligros más graduales, como sequías o el ascenso del nivel del mar. Los expertos creen que esta tendencia se intensificará en el futuro.

Ecorregión de El Cerrado, Brasil
Las bajas precipitaciones están degradando el suelo para la agricultura, lo que obliga a los habitantes a desplazarse.

LEYENDA
Las áreas sombreadas muestran zonas vulnerables.

- ▪ Zonas árticas
- ▪ Desertización y sequías
- ▪ Exposición a huracanes y ciclones

- Sequías
- Inundaciones
- Huracanes
- Ciclones y tifones
- Nivel del mar en ascenso
- Incendios forestales

1. Shishmaref, Alaska, EE. UU.
La fusión del hielo ha hecho que esta aldea iñupiaq sea vulnerable a la acción de las tormentas. Además, está construida sobre permafrost (tierra congelada) que se está derritiendo, lo que causa todavía más erosión.

2. Nivel ascendente del mar en Kiri
A medida que el mar asciende, esta isla densamente poblada se hunde. Las tierra de cultivo se han inundado y contaminado que ha forzado a la población a migrar des los pueblos costeros a los núcleos urban

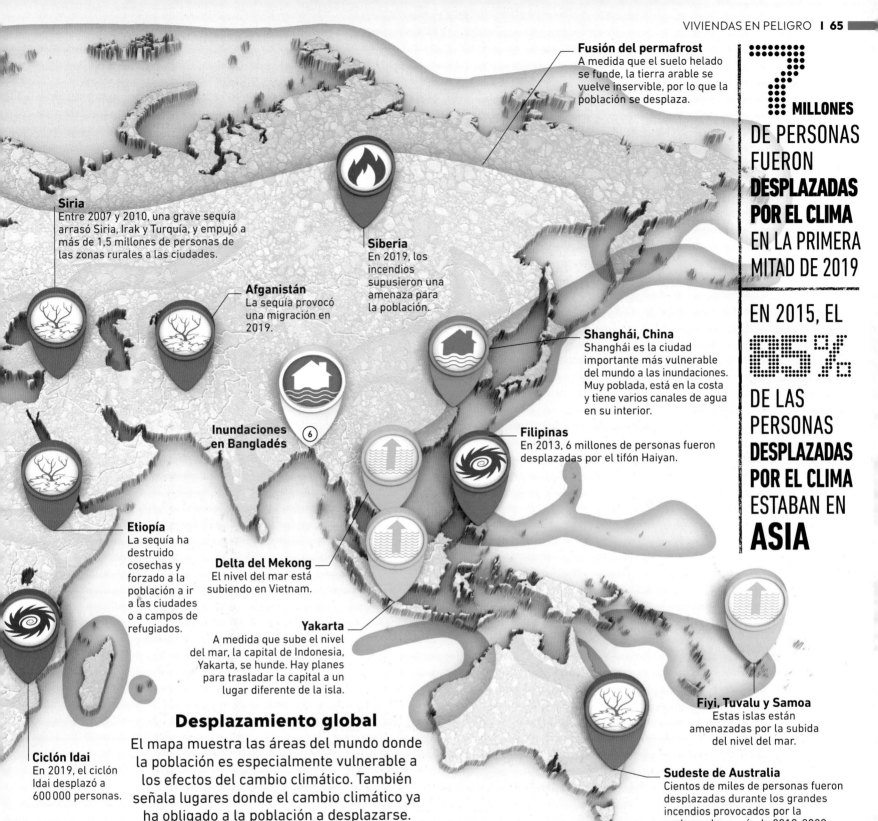

Fusión del permafrost
A medida que el suelo helado se funde, la tierra arable se vuelve inservible, por lo que la población se desplaza.

7 MILLONES DE PERSONAS FUERON DESPLAZADAS POR EL CLIMA EN LA PRIMERA MITAD DE 2019

EN 2015, EL 65% DE LAS PERSONAS DESPLAZADAS POR EL CLIMA ESTABAN EN ASIA

Siria
Entre 2007 y 2010, una grave sequía arrasó Siria, Irak y Turquía, y empujó a más de 1,5 millones de personas de las zonas rurales a las ciudades.

Siberia
En 2019, los incendios supusieron una amenaza para la población.

Afganistán
La sequía provocó una migración en 2019.

Shanghái, China
Shanghái es la ciudad importante más vulnerable del mundo a las inundaciones. Muy poblada, está en la costa y tiene varios canales de agua en su interior.

Inundaciones en Bangladés
⑥

Filipinas
En 2013, 6 millones de personas fueron desplazadas por el tifón Haiyan.

Etiopía
La sequía ha destruido cosechas y forzado a la población a ir a las ciudades o a campos de refugiados.

Delta del Mekong
El nivel del mar está subiendo en Vietnam.

Yakarta
A medida que sube el nivel del mar, la capital de Indonesia, Yakarta, se hunde. Hay planes para trasladar la capital a un lugar diferente de la isla.

Fiyi, Tuvalu y Samoa
Estas islas están amenazadas por la subida del nivel del mar.

Desplazamiento global
El mapa muestra las áreas del mundo donde la población es especialmente vulnerable a los efectos del cambio climático. También señala lugares donde el cambio climático ya ha obligado a la población a desplazarse.

Ciclón Idai
En 2019, el ciclón Idai desplazó a 600 000 personas.

Sudeste de Australia
Cientos de miles de personas fueron desplazadas durante los grandes incendios provocados por la prolongada sequía de 2019-2020.

3. Malas cosechas en Honduras
La meteorología extrema en Honduras y otros países de Centroamérica afecta a las cosechas de café. El exceso de lluvias favorece un hongo parecido al óxido (en la imagen) y la escasez de lluvias hace que las plantas se sequen.

4. Huracán María
En 2017, un terrible huracán causó daños catastróficos en edificios e infraestructuras de las islas caribeñas de Puerto Rico, Dominica y Saint Croix. Más de 3000 personas murieron en la tormenta.

5. Incendios en España y Portugal
En 2019, los incendios forestales en España y Portugal destruyeron rebaños de ovejas y de cabras y forzaron a los ganaderos a vender sus casas y mudarse a las ciudades. España fue el país europeo con más personas desplazadas en 2019.

6. Inundaciones en Bangladés
Las inundaciones causadas por tormentas en las poblaciones del delta del Ganges han provocado una migración en masa. El agua salada ha contaminado los pozos y ha vuelto estériles los campos de arroz. El nivel del mar también está subiendo en el delta del Ganges.

Medidas contra el cambio climático

¿Qué podemos hacer contra el cambio climático?

Para detener el cambio climático hay que reducir rápidamente las emisiones de gases de efecto invernadero. La iniciativa oficial es básica, pero las acciones individuales tienen también un papel importante. Debemos adaptarnos para poder minimizar los efectos del cambio climático.

Nuestro presupuesto de carbono

Los científicos han calculado cuánto carbono (en forma de combustibles fósiles) podemos quemar entre ahora y el año 2050 a fin de mantener el aumento de la temperatura global por debajo de los 2 °C.

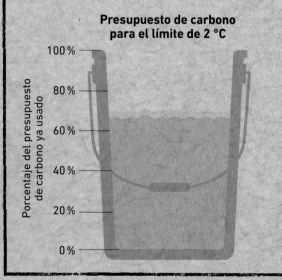

Presupuesto de carbono para el límite de 2 °C

Porcentaje del presupuesto de carbono ya usado

100 %
80 %
60 %
40 %
20 %
0 %

MEDIDAS INDIVIDUALES

Hazte oír

Di a los gobiernos, a las empresas y a los colegios lo importante que es el cambio climático uniéndote a colectivos y participando en manifestaciones.

Dieta de bajas emisiones

Cambiando lo que comemos, evitando comidas de altas emisiones, como la carne de vaca, ayudarás a reducir la huella de carbono de la industria.

Vida sostenible

Podemos cambiar nuestra forma de vida tomando decisiones más ecológicas, como comprar menos, reutilizar y reciclar más y usar medios de transporte de bajas emisiones.

MEDIDAS DE LOS GOBIERNOS

Energía renovable

Sustituir las centrales eléctricas de carbón y gas por fuentes de energía renovables, como la eólica y la solar, es la estrategia más importante para reducir las emisiones.

Reducir las emisiones

Todos debemos reducir nuestra huella de carbono, pero, aunque los individuos pueden cambiar su forma de vida, es más importante que los gobiernos den un paso al frente y lideren la transición hacia un futuro bajo en carbono.

Plantar árboles

Los árboles son cruciales para eliminar CO_2 de la atmósfera. Hay que detener la deforestación y plantar nuevos árboles.

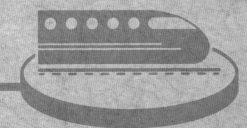

Mundo sostenible

Planear, financiar y construir modos de vivir, trabajar y viajar que no generen gases de efecto invernadero es esencial para un futuro bajo en carbono.

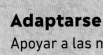

Adaptarse

Apoyar a las naciones vulnerables que experimentan los peligrosos efectos del cambio climático debe ser una prioridad global.

Estados Unidos
Estados Unidos usa solo un pequeño porcentaje de energías renovables y genera una gran parte de las emisiones globales de gases de efecto invernadero. En 2017 se retiró del Acuerdo de París, lo que puso en peligro el éxito de la iniciativa.

Islandia
Casi toda la energía de esta isla nación es hidráulica o geotérmica, por lo que debe limitar las emisiones de su sector transporte para cumplir los objetivos.

La Unión Europea
Los países de la UE llegaron al compromiso común de reducir las emisiones, pero aún hay mucho que hacer para cumplir los objetivos.

Marruecos
La alta puntuación de Marruecos se debe a una combinación de bajas emisiones por persona y a su objetivo de incrementar las energías renovables a un 52 por ciento para 2050. El país necesita hacer más para abandonar el carbón, pero aún se encuentra dentro del objetivo para conseguir un alza de solo 1,5 °C.

Gambia
El único otro país en camino de cumplir los 1,5 °C es Gambia. Invierte en energía solar y reforestación.

Etiopía
El consumo de energía no es muy alto en Etiopía y un 75 por ciento de esta proviene de fuentes renovables, sobre todo hidroeléctrica y solar. Es uno de los pocos países en camino de cumplir el objetivo de los 2 °C.

Brasil
Aunque Brasil hace buen uso de las fuentes de energía renovables, como la energía hidráulica, la rápida deforestación del país y las altas emisiones de metano por la ganadería indican que no está haciendo lo suficiente para cumplir el Acuerdo de París.

SEGÚN DATOS DEL CLIMATE ACTION TRACKER, SOLO DOS PAÍSES ESTÁN EN CAMINO DE LOGRAR LA SUBIDA DE 1,5°C

LA UE ASPIRA A LAS CERO EMISIONES PARA 2050

Acuerdo de París
En 2015, 197 países se dieron cita en París para hablar del cambio climático. Acordaron que debemos impedir al menos que la temperatura media global suba más de 2 °C por encima de la de antes de la Revolución Industrial y apuntar a una subida de solo 1,5 °C o, en el mejor de los casos, más baja. Para lograrlo, todos los países deben minimizar las emisiones de gases de efecto invernadero y revisar periódicamente sus objetivos.

Nations Unies
Conférence sur les Changements Climatiques 2015
COP21/CMP11
Paris, France

Acción internacional

Todos los países son responsables de fijar sus propios objetivos para reducir emisiones, pero para lograr un progreso global debemos trabajar juntos. Las negociaciones internacionales, como el Acuerdo de París, establecen una responsabilidad compartida y una infraestructura en la que los países más ricos ayudan a los más pobres a cumplir sus objetivos.

Rusia
Rusia no ha invertido tanto en energías renovables como otros países. Necesita un gran esfuerzo para cumplir los objetivos del Acuerdo de París.

China
A pesar de un enorme número de turbinas eólicas y paneles solares, las emisiones de China son extremadamente altas debido a su intenso uso del carbón. Las industrias contaminantes y un rápido incremento de automóviles de carburante contribuyen a su baja puntuación.

India
La India, una nación industrial emergente con una enorme población, está haciendo buen uso de las energías renovables. Necesita seguir reduciendo su dependencia del carbón y asegurarse de que hay suficientes estaciones de carga para hacer frente a su ambicioso plan de vehículos eléctricos, pero está en camino de cumplir el objetivo de los 2 °C.

Australia
Aunque muchos australianos están instalando paneles solares en sus hogares, las emisiones de combustibles fósiles provenientes de la industria siguen aumentando y actualmente Australia no está cumpliendo los objetivos.

LEYENDA
Cuanto más oscuro es el verde, más alto es el porcentaje de energía final que produce un país a partir de fuentes renovables. Las puntuaciones con estrellas indican cuántas medidas han tomado estos países para alcanzar los objetivos del Acuerdo de París.

- Por debajo del 10 por ciento
- 10-20 por ciento
- 20-30 por ciento
- 30-50 por ciento
- 50-70 por ciento
- Por encima del 75 por ciento
- Sin datos

★★★★ En camino para lograr el objetivo de 1,5 °C

★★★ En camino para lograr el objetivo de los 2 °C

★★ No hace lo suficiente

★ Gravemente insuficiente

Mantenerse verdes

El sombreado verde en este mapa muestra cuánta de la energía de cada país es solar o eólica. Las calificaciones con estrellas señalan si el esfuerzo realizado por un país es suficiente para mantener las emisiones en línea con los acuerdos internacionales. Esto depende de muchos factores, cuidadosamente analizados y comparados con los objetivos del Acuerdo de París por científicos independientes para los análisis del Climate Action Tracker (CAT).

4.8°C SE ESPERA QUE **SUBA LA TEMPERATURA** SI NO HACEMOS **NADA**

EL 35% DE LA ENERGÍA SOLAR DEL MUNDO SE GENERA EN CHINA

LA ENERGÍA SOLAR ES LA MÁS ABUNDANTE DE LA TIERRA

Reino Unido
A pesar del clima proverbialmente nublado de Reino Unido, hasta el 6 por ciento de su energía proviene de paneles solares.

Francia
La energía solar proporciona un porcentaje creciente de las necesidades energéticas de Francia, pero la mayoría de la energía del país aún proviene de centrales nucleares.

Italia
Italia, con una gran cantidad de luz solar al año, tiene un gran potencial solar y, en 2017, casi el 8 por ciento de su energía era solar.

Alemania
En los últimos 10 años, Alemania ha incrementado su capacidad de energía solar y ya produce bastante como para vender la que le sobra a países vecinos.

Estados Unidos
La tecnología solar se desarrolló por primera vez en Estados Unidos y la central solar más antigua se encuentra en California. La energía solar proporciona el 2 por ciento de la electricidad del país.

Productores de energía solar

El mapa muestra los 10 países que producen más energía solar. Pero incluso estos dependen mucho de los combustibles fósiles y la energía solar es solo un pequeño porcentaje de su producción energética. En 2017, la energía solar era solo el 2 por ciento de la electricidad del mundo.

Soluciones solares

Parque solar patriótico
China es el actual líder mundial en energía solar y continúa invirtiendo en centrales solares. De hecho, más del 60 por ciento de los paneles solares del mundo se fabrican en China, entre ellos los que se han usado para crear este impresionante parque solar que recrea la forma de un oso panda.

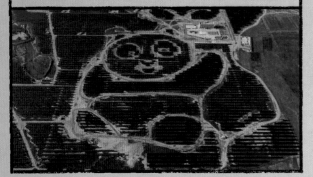

Los rayos del Sol son una fuente de energía que nunca se agota. Además, las centrales solares no producen dióxido de carbono, por lo que no contribuyen al cambio climático. Hay centrales solares por todo el mundo, pero se necesitan muchas más para reducir nuestra dependencia del petróleo y el gas.

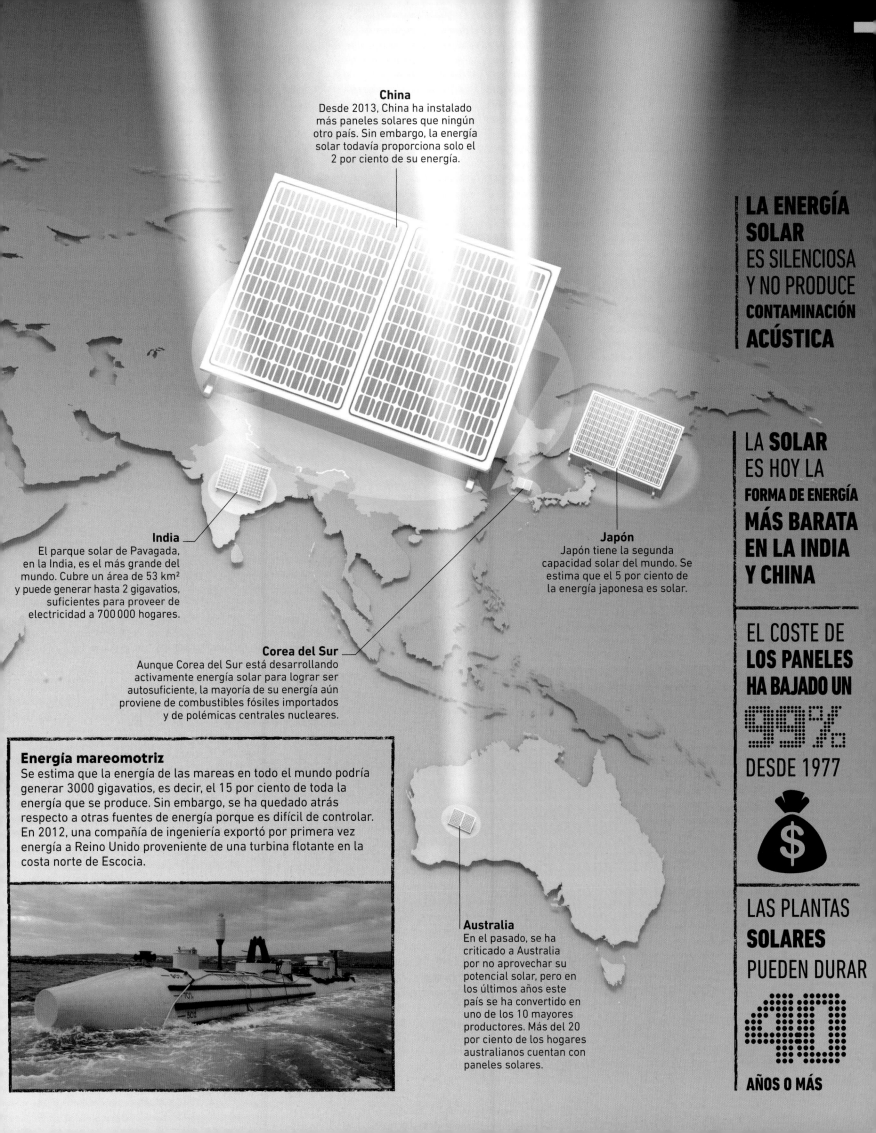

China
Desde 2013, China ha instalado más paneles solares que ningún otro país. Sin embargo, la energía solar todavía proporciona solo el 2 por ciento de su energía.

India
El parque solar de Pavagada, en la India, es el más grande del mundo. Cubre un área de 53 km² y puede generar hasta 2 gigavatios, suficientes para proveer de electricidad a 700 000 hogares.

Japón
Japón tiene la segunda capacidad solar del mundo. Se estima que el 5 por ciento de la energía japonesa es solar.

Corea del Sur
Aunque Corea del Sur está desarrollando activamente energía solar para lograr ser autosuficiente, la mayoría de su energía aún proviene de combustibles fósiles importados y de polémicas centrales nucleares.

Energía mareomotriz
Se estima que la energía de las mareas en todo el mundo podría generar 3000 gigavatios, es decir, el 15 por ciento de toda la energía que se produce. Sin embargo, se ha quedado atrás respecto a otras fuentes de energía porque es difícil de controlar. En 2012, una compañía de ingeniería exportó por primera vez energía a Reino Unido proveniente de una turbina flotante en la costa norte de Escocia.

Australia
En el pasado, se ha criticado a Australia por no aprovechar su potencial solar, pero en los últimos años este país se ha convertido en uno de los 10 mayores productores. Más del 20 por ciento de los hogares australianos cuentan con paneles solares.

LA ENERGÍA SOLAR ES SILENCIOSA Y NO PRODUCE **CONTAMINACIÓN ACÚSTICA**

LA SOLAR ES HOY LA **FORMA DE ENERGÍA MÁS BARATA EN LA INDIA Y CHINA**

EL COSTE DE **LOS PANELES HA BAJADO UN** 99% DESDE 1977

$

LAS PLANTAS **SOLARES** PUEDEN DURAR 40 **AÑOS O MÁS**

La Central Solar de Ivanpah proporciona electricidad a 140 000 hogares en el sur de California.

Aprovechar el Sol

La energía solar constituye solo un pequeño porcentaje de la energía mundial, pero esto va a cambiar, pues los países están invirtiendo en nuevas tecnologías. La central solar de Ivanpah, inaugurada en 2013, ocupa un área de 14 km² en el desierto de Mojave. Es la central solar termodinámica más grande del mundo y usa espejos en lugar de paneles solares. Sus más de 300 000 espejos están dispuestos en torno a tres torres de 140 m de altura. Los espejos, que están controlados por un ordenador para seguir el movimiento del Sol, enfocan la luz en las enormes calderas de lo alto de cada torre. La luz concentrada calienta el agua de la caldera y la convierte en vapor, que mueve una turbina generadora de electricidad en la base de la torre.

CANADÁ 2,2 %

EE UU 16 %

Canadá
Las turbinas eólicas en Canadá generan suficiente energía para dar electricidad a 3,4 millones de hogares.

MÉXICO 0,8 %

México
Pese a la polémica del impacto sobre la población indígena de los grandes parques eólicos, nuevas turbinas aprovechan el «cinturón de viento» de México, donde el viento alcanza unas velocidades cuatro veces superiores a la media global.

Estados Unidos
Estados Unidos ocupa el segundo lugar en el mundo en cuando a número de turbinas eólicas y continúa expandiendo sus parques eólicos a buen ritmo.

Europa
Con más de una cuarta parte de la energía eólica del mundo, Europa está a la cabeza del uso del viento como fuente de energía verde. En 2019, la energía eólica supuso el 15 % del abastecimiento de electricidad de la Unión Europea.

**TURQU...
1,2 %**

BRASIL 2,5 %

Brasil
Los parques eólicos impulsados por los vientos alisios del Atlántico sur, en la árida provincia del nordeste de Brasil, proporcionan energía limpia en la estación seca. Brasil también se abastece de otra energía renovable, la hidráulica, generada por el movimiento del agua.

Vientos
de cambio

La energía eólica es una fuente alternativa y limpia que, a diferencia de los combustibles fósiles, no se agota. Además, tiene una ventaja sobre la energía solar: suele ser más fuerte cuando la demanda es mayor.

PAÍSES BAJOS 0,8 %

SUECIA 1,3 %

IRLANDA 0,6 %

REINO UNIDO 3,5 %

DINAMARCA 1 %

ALEMANIA 10 %

FRANCIA 2,6 %

POLONIA 1 %

ESPAÑA 4 %

PORTUGAL 0,9 %

ITALIA 1,7 %

EUROPA 35 %

Parques eólicos marinos

Menos del 5 por ciento de la energía eólica se genera en el mar, pero los parques marinos son cada vez más comunes, sobre todo en lugares con poco espacio en tierra para las enormes turbinas. Reino Unido posee un tercio de los parques eólicos marinos del mundo y está construyendo uno en el mar del Norte (abajo) que producirá energía suficiente para abastecer a un millón de hogares.

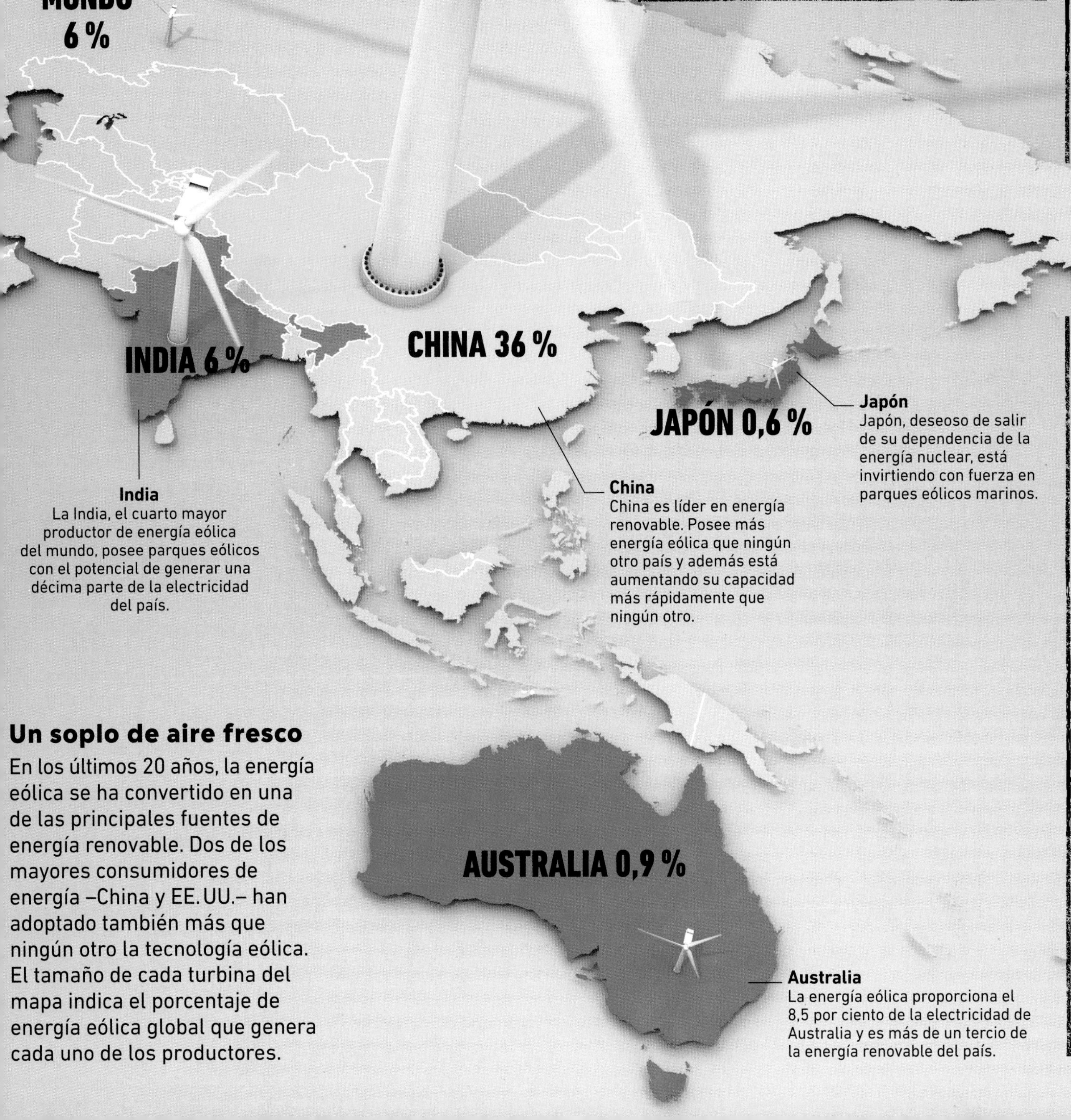

ENTRE 2000 Y 2015, EL TOTAL DE **CAPACIDAD EÓLICA** EN TODO EL MUNDO **SE MULTIPLICÓ POR 25**

RESTO DEL MUNDO 6 %

INDIA 6 %

CHINA 36 %

JAPÓN 0,6 %

Japón
Japón, deseoso de salir de su dependencia de la energía nuclear, está invirtiendo con fuerza en parques eólicos marinos.

India
La India, el cuarto mayor productor de energía eólica del mundo, posee parques eólicos con el potencial de generar una décima parte de la electricidad del país.

China
China es líder en energía renovable. Posee más energía eólica que ningún otro país y además está aumentando su capacidad más rápidamente que ningún otro.

SE CALCULA QUE UN **TERCIO DE LA ELECTRICIDAD** DE TODO **EL MUNDO** PODRÍA SER **EÓLICA** PARA EL AÑO **2050**

Un soplo de aire fresco

En los últimos 20 años, la energía eólica se ha convertido en una de las principales fuentes de energía renovable. Dos de los mayores consumidores de energía –China y EE. UU.– han adoptado también más que ningún otro la tecnología eólica. El tamaño de cada turbina del mapa indica el porcentaje de energía eólica global que genera cada uno de los productores.

AUSTRALIA 0,9 %

Australia
La energía eólica proporciona el 8,5 por ciento de la electricidad de Australia y es más de un tercio de la energía renovable del país.

EL COSTE DE LAS **TURBINAS EÓLICAS** HA DESCENDIDO EN UN **40%** DESDE 2009

1. Plantar más de lo prometido, Estados Unidos
Estados Unidos es uno de los mayores emisores de CO_2 del mundo. En el Desafío de Bonn, se comprometió a plantar 15 000 km² de árboles para 2020, pero ya ha superado incluso su objetivo.

2. Restauración de la selva, Brasil
Además de la amenazada Amazonía, la selva atlántica de Brasil necesita ayuda urgente. Se realizan ambiciosos proyectos, pero el progreso se ha ralentizado debido al incumplimiento de promesas políticas.

3. Pradera submarina, Reino Unido
Las praderas submarinas de algas como la posidonia son grandes sumideros de carbono. Proyectos como este, en la costa de Gales, en Reino Unido, repueblan y protegen las praderas marinas dañadas por el impacto humano.

4. Vivero de árboles, Suecia
Algunos de los países que dependen de su industria forestal se aseguran de plantar más árboles de los que cortan. En los últimos 100 años, Suecia ha reemplazado sus árboles perdidos y, ahora, casi el 70 por ciento del país es bosque.

350

MILLONES DE ÁRBOLES PLANTADOS EN 12 HORAS. ETIOPÍA QUIERE PLANTAR 4000 MILLONES DE ÁRBOLES

Rescate de las selvas
Costa Rica recupera sus selvas y convierte el 25 por ciento de su territorio en parques nacionales.

¿Sabanas cultivables?
Algunos países africanos tienen enormes sabanas con un gran potencial agrícola. Pero esto debe planearse con mucho cuidado para no alterar el hábitat natural de los animales que están adaptados a la vida en esas praderas.

Restaurar los bosques

Organizaciones y voluntarios de todo el mundo plantan nuevos árboles. Los bosques capturan dióxido de carbono (CO_2) del aire de forma natural, y son grandes sumideros de carbono. Muchos de estos proyectos también ayudan a las comunidades y los ecosistemas a adaptarse a las consecuencias del cambio climático.

LOS PAÍSES QUE TIENEN UN MAYOR POTENCIAL DE REFORESTACIÓN SON RUSIA, ESTADOS UNIDOS, CANADÁ, AUSTRALIA, BRASIL Y CHINA

Espacio para más
La mayor parte de Siberia, en Rusia, es boscosa, pero los árboles perdidos a causa de las plagas y los incendios podrían reemplazarse.

LEYENDA
Las zonas sombreadas muestran dónde el suelo y el clima son apropiados para plantar nuevos árboles. El mapa no muestra los bosques actuales.

■ **Área potencial para restauración de bosques**

🚩 **País que ha firmado el Desafío de Bonn para restaurar bosques**

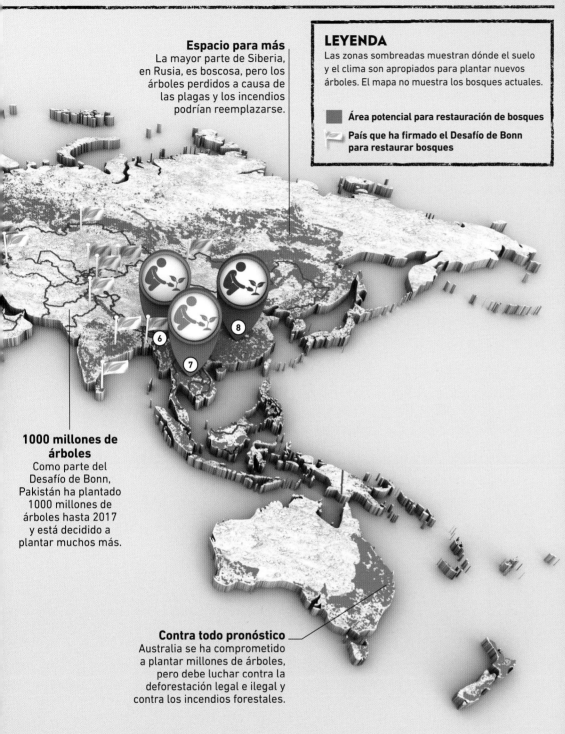

1000 millones de árboles
Como parte del Desafío de Bonn, Pakistán ha plantado 1000 millones de árboles hasta 2017 y está decidido a plantar muchos más.

Contra todo pronóstico
Australia se ha comprometido a plantar millones de árboles, pero debe luchar contra la deforestación legal e ilegal y contra los incendios forestales.

Potencial de reforestación

Este mapa muestra dónde debería ser posible plantar más árboles, normalmente en áreas donde ya existe bosque o donde había bosques hasta hace poco. También muestra los 54 países que hasta ahora han firmado el Desafío de Bonn, cada uno marcado por una bandera. Esta iniciativa, que comenzó en 2011, pretende restaurar 350 millones de hectáreas de bosque –equivalentes a 490 millones de campos de fútbol– para 2030. Aunque reducir las emisiones es el medio más importante para alcanzar el «cero total» –el punto en el que la cantidad de gases de efecto invernadero emitidos queda equilibrada por la cantidad eliminada de la atmósfera–, plantar bosques puede acelerar el proceso.

5. Gran Muralla Verde, Sahel, África
Más de 20 países africanos del extremo sur del Sahara, desde Senegal a Etiopía, están plantando una muralla de árboles de casi 8000 km de largo para capturar carbono y detener el avance del desierto.

6. Corredor de los elefantes, Assam, la India
A veces se plantan árboles para crear corredores de vida salvaje, pasos seguros que usan los animales salvajes para desplazarse entre secciones del bosque sin tener que cruzar carreteras o aplastar cultivos.

7. Reforestación de manglares, Tailandia
Los manglares no son solo sumideros de carbono, sino que protegen las costas de las inundaciones y la erosión y son el hogar de muchos animales. Proyectos como este, en Tailandia, tienen lugar en muchas regiones tropicales.

8. Programa Grain for Green, China
Los agricultores chinos reciben dinero para plantar árboles en áreas de tierra que antes se talaron para cultivos. El programa ha sido exitoso, pero a menudo solo se planta un tipo de árbol, lo cual no es bueno para la diversidad de animales y plantas.

Aire acondicionado por agua, Canadá
El sistema Enwave de enfriamiento bombea agua del fondo del lago Ontario para enfriar los sistemas de aire acondicionado, reduciendo el uso de electricidad.

Automóviles eléctricos, Noruega
En Noruega, tres de cada cuatro coches son eléctricos o híbridos. El gobierno ofrece incentivos por usar coches eléctricos de bajas emisiones, como por ejemplo la exención de pagar peajes.

Peces en campos de arroz, California, Estados Unidos
Se introducen peces en los campos de arroz para eliminar emisiones de metano.

Suiza
Compañías suizas desarrollan aditivos en la dieta de las vacas (con ajo y cilantro) que reducen sus emisiones de metano.

Días sin coches, Perú
Lima ha introducido una prohibición de vehículos motorizados un domingo al mes.

Microjardines, Senegal
En la ciudad de Dakar, se cultivan verduras en pequeñas unidades, más sostenibles que los grandes cultivos.

Autobús, Jordania
En Amán, una nueva línea de autobús ayuda a bajar las emisiones de CO_2 y promueve el transporte público.

Limpiezas urbanas, Kenia
Comunidades en Nairobi participan cada sábado en limpiezas de la calle, lo que ayuda a reducir las emisiones de metano de los residuos en descomposición.

Autobuses eléctricos, Chile
En Santiago de Chile, los autobuses eléctricos han reducido los costes de funcionamiento y las emisiones de gases de efecto invernadero.

Gas en energía, Sudáfrica
En Johannesburgo, proyectos de gas en energía están transformando el gas producido por los vertederos en electricidad.

Reciclar latas de aluminio
Las latas de aluminio para bebidas se reciclan en un proceso que ahorra más emisiones de gases de efecto invernadero que el reciclaje de ningún otro tipo de basura doméstica, pues el fundido de los trozos de aluminio para crear nuevos productos necesita el 5 por ciento de la energía necesaria para crear nuevo aluminio.

Futuro verde
Este mapa muestra algunas de las iniciativas de sostenibilidad en curso en todo el mundo que están ayudando a reducir las emisiones de gases de efecto invernadero.

Cambiar cómo vivimos

En todo el mundo, la gente busca formas innovadoras para reducir el impacto que la actividad humana tiene sobre el clima. Esta idea, conocida como sostenibilidad, ajustará nuestras vidas de manera que dependamos menos de las prácticas que estropean el planeta para futuras generaciones.

Moda circular

La industria de la moda comienza a plantearse formas de reducir los residuos y las emisiones de gases de efecto invernadero a través del concepto de la moda circular. En lugar de animar a comprar nuevos artículos cada temporada, las prendas y el calzado se fabricarán con materiales más duraderos producidos de forma más sostenible. Las prendas viejas, en lugar de acabar en el vertedero, podrán ser reparadas, recicladas, intercambiadas, alquiladas o vendidas de segunda mano.

96

CIUDADES FORMAN EL GRUPO DE **CIUDADES C40**, QUE IMPLEMENTA **PROYECTOS VERDES**

Programa del viajero verde
Esta iniciativa china anima a la gente a dejar el coche en casa y les paga una pequeña cantidad por cada día que no conducen.

Copa Mundial de Fútbol de la FIFA, Catar
Los estadios de la Copa Mundial de Fútbol de 2022 estarán iluminados con luces led de gran eficiencia eléctrica. Un estadio estará construido con contenedores ISO que podrán desmantelarse tras el evento.

Trenes bala, Japón
El moderno tren bala Shinkansen tiene el morro afilado, lo que lo hace más aerodinámico y le permite usar un 15 por ciento menos de electricidad que modelos previos.

Reciclar redes de pesca, Filipinas
Las comunidades reciclan redes de pesca de plástico desechadas para convertirlas en alfombras.

Luces led, India
En los últimos años, se ha incrementado rápidamente el uso de bombillas led energéticamente eficientes en la India. Las ventas se han elevado de 5 millones de bombillas en 2014 a 670 millones en 2018.

CADA AÑO SE USAN **ENTRE** 200 000 Y 350 000 **MILLONES** DE LATAS Y EL **70%** SE RECICLAN

Plástico multiuso, Australia
La ciudad de Darwin está deshaciéndose en todos sus eventos y mercados de productos hechos de plástico de un solo uso, como vasos de café y pajitas. En cambio, se anima a la gente a llevar sus propios vasos reutilizables.

Una ciudad más verde, Australia
La ciudad de Melbourne planea crear más áreas verdes y un nuevo proyecto de viviendas neutras en carbono.

Trenes eléctricos, Nueva Zelanda
En Auckland se ha realizado una gran inversión en una nueva red de trenes eléctricos.

ALEMANIA RECICLA EN TORNO AL 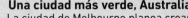 **65%** DE SU BASURA, **MÁS** QUE NINGÚN OTRO **PAÍS DEL MUNDO**

Comer por el planeta

La cría de animales para obtener carne y leche es una de las mayores causas de emisión de gases de efecto invernadero (GEI). Comer menos carne y desechar una cantidad menor de comida ayudaría a hacer descender las emisiones.

Queso
Las vacas producen mucho metano, por lo que su leche tiene emisiones mucho mayores que cualquier alternativa vegetal. Se necesitan 10 l de leche para hacer 1 kg de queso, lo que significa que este tiene un gran impacto medioambiental.

¿Qué debería comer?
Estos cuatro platos comparan la cantidad de GEI emitidos en la producción de la comida que hay en ellos. El tamaño de la campana indica la cantidad de emisiones. Cada porción es suficiente para proporcionar 50 g de proteínas, la cantidad diaria recomendada.

Huevos
Los huevos, ricos en proteínas y nutrientes, producen relativamente pocas emisiones comparados con la carne. Aun así, suponen un alto coste para el medio ambiente en relación con las legumbres, los frutos secos, el grano y otros alimentos vegetales.

QUESO 5,4 KG DE GEI

HUEVOS 2,1 KG DE GEI

Alubias
Cambiar la dieta a una basada en legumbres, como las alubias y los guisantes, grano integral, frutos secos, semillas, verduras y fruta puede reducir el impacto humano en el clima. Las emisiones de los alimentos de origen vegetal son menores que las de los de origen animal.

ALUBIAS 0,4 KG DE GEI

Carne sin carne
Hoy en día existen ya alimentos que ofrecen una alternativa a la carne. Algunos se parecen a productos cárnicos, como hamburguesas, *nuggets* y salchichas, pero están hechos de soja o micoproteína, un hongo que está en la naturaleza. El uso de la palabra *carne* para estos productos altamente procesados es polémico, pero su sabor y textura están diseñados para atraer a los comedores de carne y promover hábitos alimentarios sostenibles.

Norteamérica
El norteamericano medio consume unos tremendos 124 kg de carne al año. Norteamérica produce el doble de carne que hace 60 años.

Sudamérica
El consumo de carne ha crecido más en los países con el crecimiento económico más rápido, como Brasil, cuyos habitantes comen una media de 100 kg de carne por persona y año.

EL **57%** DE LAS **EMISIONES DE GEI** SE DEBEN AL **DESPERDICIO DE ALIMENTOS**

Carne de vacuno
La carne produce más emisiones que cualquier otro alimento, y sobre todo la carne de vacuno. El pollo, el cerdo y el cordero tienen emisiones más bajas, por lo que cambiar los solomillos por el pollo es una forma de reducir nuestra huella de carbono.

CARNE DE VACA 25 KG DE GEI

Reducir los desechos de comida

Un tercio de la comida que se produce acaba en la basura, lo suficiente para alimentar a los 1000 millones de personas que pasan hambre. La comida se deja pudrir en los campos, se estropea de camino al mercado o se tira a la basura en tiendas, cafés y hogares, y genera gases de efecto invernadero durante su producción y al descomponerse en el vertedero. Un enfoque menos derrochador de la comida ayudaría a alimentar a la creciente población mundial sin incrementar las emisiones de GEI.

LEYENDA
Emisiones de GEI derivadas del consumo de carne por persona.

- Menos de 500 kg (0,5 t)
- 500-1000 kg (0,5-1 t)
- 1000-1500 kg (1-1,5 t)
- 1500-2000 kg (1,5-2 t)
- 2000-2500 kg (2-2,5 t)
- Más de 2500 kg (2,5 t)
- Sin datos

Asia
El consumo de carne y de leche aumenta a medida que el mundo se hace más rico. En zonas de Asia, donde muchas personas han visto cómo su riqueza crecía rápidamente, el consumo de carne es hoy 15 veces mayor que en 1961.

Europa
En Europa, históricamente una de las regiones que más carne comen, el consumo está estabilizándose o decreciendo.

África
En los países más pobres de África, la gente come menos de 10 kg de carne al año, pero en las naciones más ricas, como Sudáfrica, el consumo de carne es muy alto.

Dietas nacionales

La cantidad de carne que come la gente y los GEI que se producen como resultado varían enormemente según el país, como muestra este mapa. Las regiones que consumen más carne de vacuno tienen las mayores huellas de carbono. Si la cantidad total de vacuno que se consume cada año se divide entre la población global, la media por persona es de 43 kg.

Australia
La gente come mucha carne en países ricos como Australia, que también produce mucha.

Defensas ribereñas en Nueva Orleans, Estados Unidos

Nueva Orleans está a muy baja altitud y se ha adaptado a la subida del nivel del mar y a las tormentas con un enorme sistema de diques, muros de contención y esclusas antimarejada alrededor de la ciudad. Estas obras, que recibieron una ayuda de 14 500 millones de dólares del gobierno de Estados Unidos, reducen los daños por huracanes, pero no protegerán a los residentes de futuras subidas del nivel del agua.

Esclusas antimarejada en los Países Bajos

En torno a dos tercios de los Países Bajos, un área en la que viven nueve millones de personas, se encuentran en riesgo por el nivel creciente del mar. La esclusa antimarejada del Escalda oriental es una de las 13 barreras móviles contra inundaciones que ha construido el país a lo largo de su costa y en los deltas de los ríos con el objetivo de proteger la vida de cada individuo y la economía del país.

Adaptarse al cambio climático

Países de todo el mundo están teniendo que responder al cambio climático, pero la capacidad para adaptarse varía. Los países ricos, que han emitido la mayoría de los GEI, pueden permitirse estrategias de adaptación a gran escala, mientras que los países más pobres deben buscar soluciones con recursos limitados.

California, Estados Unidos
Incluso en los países más ricos, las adaptaciones más simples suelen ser las mejores. En California, se usan cabras que pastan la maleza y crean así cortafuegos contra los incendios forestales.

NORTEAMÉRICA 30 %

¿Un futuro más justo?

Los países más ricos producen más gases de efecto invernadero (GEI) y pueden gastar más dinero para protegerse de los efectos del cambio climático. Para enfrentarse a la emergencia climática, los países más ricos deben apoyar a los más pobres, que a menudo tienen más riesgo de experimentar los peores efectos de la crisis climática y han hecho menos por causarla.

Costa Rica
En Costa Rica, los agricultores están pasando de cultivar café a naranjas a medida que el país sufre sequías, que vuelven el clima menos adecuado para el café.

SUDAMÉRICA 3 %

Organización indígena de los pantanos de palmeras, Perú

Los pantanos de palmeras nativos de la provincia del Datem del Marañón están viéndose afectados por inundaciones y sequías a consecuencia de la deforestación de la cuenca del Amazonas. Las comunidades indígenas se encargan de administrar los humedales de modo que los habitantes locales puedan vivir de forma sostenible sin talar árboles. Esto protege un sumidero de carbono y preserva la biodiversidad.

Agua dulce en Dakar, Senegal

La costa de Senegal es vulnerable a la subida del nivel del mar, a las sequías y a las lluvias torrenciales. Las partes más pobres de su capital, Dakar, son las que sufren más por las sequías, y el agua salada amenaza el suministro de agua dulce. Mejorar los desagües, construir acequias y cisternas para administrar el agua y plantar semillas adaptadas a la sal son formas de enfrentarse a estos peligros.

Jardines en los tejados de Shanghái, China

Las megaciudades de China han crecido muy deprisa y, a menudo, con una limitada planificación urbana. Las olas de calor pueden hacerlas insoportables cuando los rayos del Sol se reflejan en el cristal y el cemento. Para reducir este calor urbano, los planificadores urbanos están creando medidas para incrementar los espacios verdes y construir jardines en los tejados, como estos «jardines colgantes» en Shanghái.

Productores de vino en el valle de Murray, Australia

Las sequías afectan a las cosechas de uva en el sureste de Australia desde hace años. Algunos productores ahora recogen antes la uva, mientras que otros han abandonado sus viñedos o se han trasladado a áreas menos secas. Las comunidades a lo largo del río Murray Darling están llegando a acuerdos para ahorrar y compartir agua a medida que esta se convierte en un bien escaso.

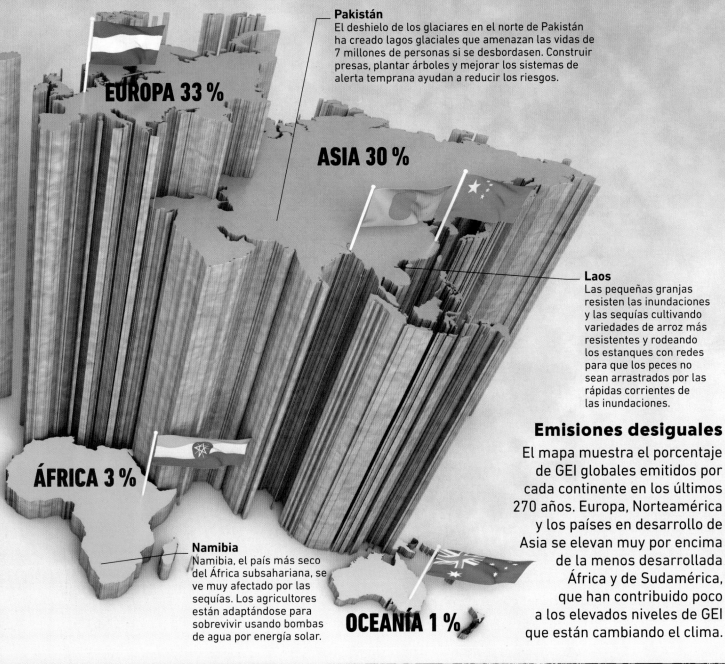

Pakistán
El deshielo de los glaciares en el norte de Pakistán ha creado lagos glaciales que amenazan las vidas de 7 millones de personas si se desbordasen. Construir presas, plantar árboles y mejorar los sistemas de alerta temprana ayudan a reducir los riesgos.

EUROPA 33 %

ASIA 30 %

Laos
Las pequeñas granjas resisten las inundaciones y las sequías cultivando variedades de arroz más resistentes y rodeando los estanques con redes para que los peces no sean arrastrados por las rápidas corrientes de las inundaciones.

ÁFRICA 3 %

Namibia
Namibia, el país más seco del África subsahariana, se ve muy afectado por las sequías. Los agricultores están adaptándose para sobrevivir usando bombas de agua por energía solar.

OCEANÍA 1 %

Emisiones desiguales
El mapa muestra el porcentaje de GEI globales emitidos por cada continente en los últimos 270 años. Europa, Norteamérica y los países en desarrollo de Asia se elevan muy por encima de la menos desarrollada África y de Sudamérica, que han contribuido poco a los elevados niveles de GEI que están cambiando el clima.

LA MITAD MÁS POBRE DE LA POBLACIÓN MUNDIAL **ES RESPONSABLE DE SOLO EL** **10%** **DE LAS EMISIONES**

EL **80%** **DE LAS PERSONAS NUNCA HAN VOLADO**

Hierba resistente a la sequía en los altiplanos de Etiopía
Los países de África son los que menos han contribuido al cambio climático y los que más sufrirán sus consecuencias. La sequía es un peligro para los áridos altiplanos de Etiopía. Microempresas locales suministran semillas de una hierba que tolera las sequías para que las comunidades ganaderas cultiven pastos y restauren tierras degradadas.

Refugios para ciclones en Bangladés
Unos 18 millones de bangladesíes viven en áreas vulnerables a los ciclones y al creciente nivel del mar. Los refugios y los sistemas de alerta temprana ayudan a la gente a sobrevivir a las tormentas, pero las defensas costeras, como las barreras de sacos de arena en las riberas de los ríos, son aún muy primitivas. La gente trata de proteger sus hogares como puede, pero algunos se ven obligados a buscar trabajo en las ciudades.

Copenhague ha reducido sus emisiones de CO_2 hasta en un 40 % desde 2005.

Energía sin humos

El Centro de Recursos Amager, también llamado Copenhill, en Copenhague, Dinamarca, es un incinerador de residuos diferente. Cada año quema hasta 400 000 toneladas de residuos y genera electricidad para 50 000 hogares y calefacción para otros 120 000. El humo resultante se limpia de partículas nocivas, por lo que sus chimeneas solo liberan nubes de inofensivo vapor de agua. Es una de las plantas de residuos más limpias del mundo y, además, cumple la función de centro de deportes de montaña, pues tiene una pista de esquí de 400 m en el tejado. Reducir emisiones y producir energía sostenible es uno de los cometidos centrales de Copenhague para convertirse en la primera capital del mundo neutra en carbono antes de 2025.

Movilizaciones en todo el mundo

Este mapa muestra algunas de las manifestaciones por el clima que tuvieron lugar por todo el mundo, entre ellas muchas protestas locales.

Oleoducto Energy East, Canadá
Los planes para un oleoducto que habría transportado 1,1 millones de barriles de petróleo diarios se abandonaron en 2017 en parte por las protestas.

Movilización por el clima, Suecia
Miles de personas en toda Suecia protestaron durante la Semana Global por el Futuro, en septiembre de 2019.

Dakota Access Pipeline, Estados Unidos
Activistas por el clima se manifestaron contra la construcción de un oleoducto que iba a transportar 470 000 barriles de crudo al día. Pese a las protestas, el oleoducto se terminó de construir en 2017.

Protestas por el Amazonas, Brasil
En agosto de 2019 hubo protestas en todo Brasil contra los incendios en el Amazonas, causados en parte por la deforestación.

Expansión de Heathrow, Reino Unido
Durante años, los activistas han protestado contra los planes de construir una tercera pista en el aeropuerto de Heathrow.

Central eléctrica de carbón de Lamu, Kenia
En 2019, los manifestantes en Kenia detuvieron el desarrollo de la primera central eléctrica de carbón del país, cuya construcción estaba prevista en la región de Lamu.

Guaiba, Brasil
En febrero de 2020, los manifestantes lograron detener la creación de la mayor mina de carbón abierta de Sudamérica.

Greta Thunberg
La activista medioambiental sueca Greta Thunberg ha animado a millones de personas a involucrarse en el movimiento de protestas contra el cambio climático. En 2018, a los 15 años, se saltó las clases para protestar contra el cambio climático a las puertas del Parlamento sueco. Desde entonces, ha hecho campaña en el escenario internacional para que los gobiernos tomen medidas inmediatas a fin de enfrentarse a la crisis climática.

«El carbón mata», Sudáfrica
En enero de 2020, grupos de activistas se congregaron ante la Conferencia Sudafricana del Carbón, en Ciudad del Cabo, para protestar por los combustibles fósiles.

Movilización por el clima, Argentina
En septiembre de 2019, hubo manifestaciones multitudinarias en Buenos Aires para exigir medidas urgentes contra la crisis climática global.

 MOVILIZACIONES ESTUDIANTILES HAN TENIDO LUGAR EN UNOS **228** **PAÍSES** DE TODO EL MUNDO

  MILLONES DE PERSONAS PARTICIPARON EN LAS MOVILIZACIONES DEL CLIMA EN EL MUNDO EN **SEPTIEMBRE DE 2019**

Una voz global

En los últimos años ha aparecido un gran movimiento global que exige medidas contra el cambio climático. Millones de personas se comunican para ello a través de las redes sociales y se manifiestan en las calles.

Protestas individuales, Rusia
En 2019, en Moscú, los activistas hicieron cola para protestar individualmente, pues las manifestaciones en grupo están restringidas por el gobierno ruso.

Incendios forestales, Rusia
En 2019, en la ciudad de Krasnoyarsk, en Siberia, grupos de manifestantes pidieron medidas decisivas para enfrentarse a los incendios forestales.

Japón sin carbón
La campaña Japón sin carbón se opone a los planes del gobierno y de las empresas de ampliar las centrales eléctricas de carbón. El grupo realizó una manifestación en junio de 2019, justo antes de la Cumbre del G20 en Osaka.

Protestas por el plástico, la India
En 2019 hubo protestas en la India contra los plásticos de un solo uso.

Red Rebels, Australia
La Red Rebel Brigade, cuyos miembros se visten con largos ropajes rojos (que simbolizan sangre), protestó en la Ópera de Sídney en diciembre de 2019. Muchos manifestantes provenían de áreas afectadas por los incendios.

Fridays for Future
Los Fridays for Future (FFF, Viernes por el Futuro), inspirados por las protestas de Greta Thunberg, son un movimiento global en el que estudiantes se saltan las clases los viernes para manifestarse (en la imagen, en Canadá). Se ha hecho coincidir a veces con eventos importantes, como la Cumbre de la ONU sobre la Acción Climática, en septiembre de 2019.

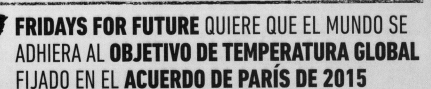 **FRIDAYS FOR FUTURE** QUIERE QUE EL MUNDO SE ADHIERA AL **OBJETIVO DE TEMPERATURA GLOBAL** FIJADO EN EL **ACUERDO DE PARÍS DE 2015**

¿Qué puedes hacer **tú**?

Hay medidas que todos podemos adoptar para ayudar a reducir la acumulación de gases de efecto invernadero (GEI) en la atmósfera. Pueden ser pequeños actos como apagar las luces, o grandes cambios en el estilo de vida y trabajar para despertar conciencias. Puede que estos cambios parezcan poca cosa, pero las acciones de millones de personas juntas pueden surtir efecto.

Ahorra energía

Hay muchas formas de ahorrar energía en casa y cuando estamos fuera. ¡Y muchas de ellas también ahorran dinero!

• Utiliza bombillas de bajo consumo, apaga las luces cuando salgas de una habitación y desenchufa todos los aparatos que absorban energía cuando no se usan.

• Ponte capas de ropa en invierno en lugar de encender la calefacción e intenta usar ventiladores en lugar de aire acondicionado en verano.

• Calcula cuánta agua usas y trata de usarla de forma eficiente.

• Camina o ve en bici para desplazarte por tu zona si puedes.

• Para viajes más largos, usa el transporte público en lugar de subirte al coche y conducir.

Hazte verde

Puedes «vivir de forma verde» tomando decisiones conscientes que ayuden a rebajar la cantidad de GEI que entran en la atmósfera.

• Si puedes, planta árboles en tu jardín o como parte de un proyecto en tu zona. Si no puedes, apoya proyectos de reforestación en otros lugares del mundo.

• Siempre que sea posible, compra productos cultivados localmente: los productos importados tienen una huella de carbono mayor.

• Compra productos de papel que provengan de bosques gestionados de forma sostenible.

• Si puedes, cultiva tus propias frutas y verduras.

• Intenta consumir solo productos de temporada; esto reduce las emisiones por el transporte de productos fuera de temporada en todo el mundo.

• Come más verduras y alimentos de origen vegetal y menos carne.

• Consigue un compostador: esto reduce las emisiones de metano de la basura orgánica en descomposición.

Reduce, reutiliza, recicla

Los GEI se emiten al extraer materias primas para fabricar productos y también cuando estos se manufacturan, se transportan y se desechan.

- Elige objetos que duren, para así comprar menos.
- En lugar de comprar ropa nueva, compra en tiendas de segunda mano.
- Lleva vasos y botellas de agua reutilizables.
- Elige productos y envases que puedan reciclarse.
- Si un artículo se rompe, no lo tires, intenta arreglarlo.

Mantente informado

Es importante comprender la ciencia y los distintos aspectos en torno al cambio climático, así como estar informado sobre ideas e iniciativas y comprender nuestro propio impacto sobre el planeta.

- Aprende cómo puedes reducir tu huella de carbono y la de tu familia con los consejos en línea del WWF: www.horadelplaneta.es/cambia-tus-habitos.
- Si hay emisiones que no puedes reducir, piensa en compensarlas. Una forma de hacerlo es pagar a organizaciones de compensación de carbono que apoyan energías renovables o proyectos de reforestación.
- Estudia ciencia en el colegio que te ayude a entender las ideas tras el cambio climático. Esto te ayudará a explicar a otros el problema y a tomar las decisiones adecuadas por ti mismo.
- Sigue las noticias. Los informativos te mantendrán informado sobre cómo está afectando el cambio climático a la vida en todo el mundo y sobre las medidas más recientes para combatir sus efectos.

Implícate

Para tener un impacto significativo sobre el cambio climático, los gobiernos y la industria deben también tomar medidas. Hay muchas formas de implicarse para exigir cambios en los altos niveles.

- Escribe a los políticos locales y nacionales para hacerles saber que las medidas sobre el cambio climático son una prioridad para ti.
- Encuentra tu propio grupo de cambio climático o funda tú uno en tu zona. Esta página web podría serte útil: es.globalclimatestrike.net.
- Únete a un grupo de acción por el cambio climático o establece uno en tu colegio.

Comparte tus preocupaciones

Pensar sobre la emergencia climática puede provocar sentimientos de estrés y ansiedad.

- Nunca te preocupes tú solo. Habla de tus miedos y sentimientos con tus amigos, tu familia o tus profesores.
- Recuerda que nadie puede resolver la crisis climática solo. Otras personas y organizaciones pueden ser una gran ayuda.
- Te puede ayudar hacer algo positivo. Hay un montón de iniciativas que podrían inspirarte. Incluso las pequeñas acciones dejan huella.

Glosario

Agricultura
El uso de la tierra para cultivar alimentos vegetales.

Agricultura de subsistencia
Cultivar lo justo para alimentar a una familia.

Atmósfera
Capa de gases que rodea la Tierra.

Biodegradable
Se dice de algo que se descompone de forma natural sin convertirse en una sustancia contaminante.

Biomasa
Materia hecha de seres vivos, como animales o plantas, cuya energía puede usarse para hacer biocombustible.

Calentamiento global
La subida de la temperatura media del planeta. El calentamiento global posterior a la Revolución Industrial se atribuye a que la actividad humana altera la composición de la atmósfera.

Cambio climático
Cambio en el clima que persiste a lo largo de un extenso período. En este libro, el cambio climático se refiere a los cambios desde la mitad del siglo XX, atribuidos a la actividad humana, tal como lo define la CMNUCC.

Carbono
Elemento químico que se da en el dióxido de carbono gaseoso, en los combustibles sólidos y en la biomasa.

Ciclo del carbono
El flujo de carbono entre la atmósfera, el océano y la tierra.

Clima
La media de las condiciones meteorológicas en un área a lo largo del tiempo (30 años).

CMNUCC
Convención Marco de las Naciones Unidas sobre el Cambio Climático.

Combustibles fósiles
Carbón, petróleo y gas, hechos de organismos en descomposición que vivieron hace millones de años.

Compensación de carbono
Compensar las emisiones de dióxido de carbono a la atmósfera con planes equivalentes, como plantar árboles.

Contaminación
Introducción de materiales nocivos en el medioambiente.

Contaminante
Sustancia que contamina la atmósfera o el agua.

Deforestación
La tala de bosques para obtener madera o tierras de cultivo o de pasto.

Desarrollo
El proceso económico y social con el cual las sociedades se enriquecen. A medida que un país se desarrolla, los ingresos medios de sus ciudadanos normalmente aumentan.

Dióxido de carbono (CO_2)
Gas que se forma al combinarse el carbono y el oxígeno. Lo absorben las plantas y se emite con la quema de combustibles fósiles. Es un gas de efecto invernadero y el mayor causante del calentamiento global.

Ecosistema
Comunidad de organismos en un entorno específico que interactúan unos con otros.

Emisiones
La descarga de partículas diminutas, vapor o gases a la atmósfera.

Energía
Lo que hace que las cosas ocurran. La energía no puede crearse ni destruirse, solo transformarse en otra forma. Por ejemplo, la energía química de quemar combustibles sólidos puede convertirse en energía eléctrica para iluminación.

Energía eólica
Energía obtenida del viento que se convierte en electricidad.

Energía hidráulica
Energía obtenida por el movimiento del agua y que se transforma en electricidad.

Energía limpia
ver *Energía renovable*.

Energía nuclear
Energía que proviene de la fisión de átomos. Se puede usar como alternativa a la quema de combustibles fósiles, pero sus residuos son muy tóxicos durante muchos años.

Energía renovable
Fuente de energía que puede usarse una y otra vez, a diferencia de la que finalmente se agota. Por ejemplo, las energías solar, eólica o hidráulica. También llamada energía limpia o energía verde.

Energía solar
Energía proveniente de la luz solar que se convierte en electricidad.

Energía verde
Ver Energía renovable.

Erosión del suelo
El desgaste de la capa superior del suelo mediante procesos naturales como el viento, la lluvia y la actividad animal. Las condiciones meteorológicas extremas debidas al cambio climático producen un aumento de la erosión del suelo en algunas áreas.

Fermentación entérica
Proceso según el cual digieren la comida los animales rumiantes (animales que mastican bolo alimenticio regurgitado desde el estómago), como bóvidos y ovejas y que produce metano.

Fertilizante
Sustancia natural o química que se usa para proveer a las plantas de nutrientes adicionales.

Ganado
Animales usados para el trabajo o criados para producir carne, huevos, leche, lana, pieles y otros productos.

Gas de efecto invernadero
Gas que atrapa el calor dentro de la atmósfera. El dióxido de carbono, el metano y el óxido de nitrógeno son gases de efecto invernadero.

Geotérmico
Calor almacenado bajo la superficie de la Tierra.

Glaciar
Una masa de hielo que se mueve lentamente formada por la acumulación de nieve en un largo período de tiempo.

Huella de carbono
La cantidad de dióxido de carbono (o equivalente) de la que es responsable un individuo o una actividad.

Medioambiente
Área en la que viven plantas, animales y seres humanos.

Metano
Gas de efecto invernadero que atrapa calor en la atmósfera. Se produce por fermentación entérica, por la quema de combustibles fósiles y por la materia orgánica en descomposición.

Neutral en carbono
Se dice de una actividad que produce cero emisiones de dióxido de carbono, incluyendo la compensación de carbono.

Nivel del mar
El nivel de la superficie del mar en relación con otros elementos geográficos como las costas. El ascenso del nivel del mar es una de las mayores consecuencias del cambio climático.

Orgánico
Algo que ha estado hecho de materia viva.

Óxido de nitrógeno
Gas de efecto invernadero que atrapa calor de la atmósfera. El aumento de óxido de nitrógeno se debe principalmente al uso de fertilizantes.

Per cápita
Cantidad de algo que corresponde por cada persona individual de una población.

Permafrost
Suelo helado bajo la superficie en las regiones polares.

Población
Número de personas que viven en un área.

Reciclar
Usar algo de nuevo o usarlo para hacer algo nuevo.

Revolución Industrial
Período de tiempo desde que, en el siglo XVIII, las máquinas aparecieron en las fábricas y empezaron a usarse para fabricar productos.

Rural
Relacionado con el campo.

Sostenibilidad
El acto de usar los recursos de modo que no se agoten o se hagan escasos para futuras generaciones.

Sumidero de carbono
Entorno natural que absorbe y atrapa el carbono, reduciendo la concentración de dióxido de carbono en la atmósfera. Los dos principales sumideros de carbono de la Tierra son los bosques y los océanos.

Tierra cultivable
Tierra en la que se puede cultivar.

Tóxico
Se dice de una sustancia peligrosa o mortal para los seres humanos, los animales o las plantas.

Urbano
Se dice de lo relacionado con las ciudades.

Vertedero
Acumulación de basura enterrada en un área. La comida podrida y otros desechos orgánicos en los vertederos suponen una gran proporción del metano que entra en la atmósfera.

Índice

Agradecimientos

Dorling Kindersley quiere agradecer a: Georgina Palffy, Jenny Sich, Anna Streiffert-Limerick y Selina Wood por sus textos, Kelsie Besaw por su asistencia editorial, Victoria Pyke por la corrección, Elizabeth Wise por la elaboración del índice, Tanya Mehrotra por el diseño de la cubierta, Rakesh Kumar por la maquetación, Priyanka Sharma por la coordinación editorial de la cubierta y Saloni Singh por la edición ejecutiva de cubiertas.

OTRAS REFERENCIAS

OCÉANO ÁRTICO

Mar de Chukotka

Mar de Beaufort

Islas de la Reina Isabel

Isla de Ellesmere

Groenlandia

Mar de Groenlandia

Isla Victoria

Isla de Baffin

Bahía de Baffin

Estrecho de Dinamarca

Mar de Noruega

Estrecho de Bering

Cordillera de Brooks

Yukón

Mackenzie

Gran Lago del Oso

Estrecho de Davis

Islandia

Denali (monte McKinley) 6194 m

Gran Lago del Esclavo

Bahía de Hudson

Escudo Canadiense

Mar de Labrador

Mar del Norte

Mar de Bering

Cuenca aleutiana

Islas Aleutianas

Fosa de las Aleutianas

Golfo de Alaska

NORTEAMÉRICA

Montañas Laurentianas

Islas Británicas

EU

Isla de Vancouver

Misuri

Grandes Lagos

Península Ibérica

Mar

Zona de Fractura Mendocino

Grandes Llanuras

Montes Apalaches

Cuenca Norteamericana

Azores

Montañas del Altas

Zona de Fractura Murray

Sierra Madre Oriental

Misisipi

Madeira

Islas Hawaianas

Golfo de México

Indias Occidentales

Islas Canarias

Ahaggar

Hawái

Zona de Fractura Clarion

Sierra Madre Occidental

Península de Yucatán

Antillas Mayores

Islas de Cabo Verde

Saha

Islas de la Línea

Fosa Medioamericana

Mar Caribe

Antillas

OCÉANO ATLÁNTICO

Sahel

Kiritimati

Zona de Fractura Clipperton

OCÉANO

Islas Galápagos

Orinoco

Escudo Guayanés

Niger

Á

Polinesia

PACÍFICO

Amazonas

Golfo de Guinea

Islas Marquesas

Cuenca del Amazonas

Cuenca de Brasil

Cuenca d

Islas Tuamotu

Cuenca del Perú

Andes

SURAMÉRICA

Meseta de Mato Grosso

Angola

Isla Pitcairn

Fosa de Perú–Chile

Dorsal de Nazca

Meseta brasileña

Dorsal de Sala y Gómez

Cresta de Río Grande

Islas Tubuai

Isla de Pascua

Aconcagua 6959 m

Gran Chaco

Paraná

Dorsal del Pacífico Oriental

Cuenca Roggeveen

Pampas

Cuenca del Pacífico Suroccidental

Andes

Cuenca Argentina

Patagonia

Zona de Fractura Eltanin

Dorsal Mesoatlántica

Cuenca del Cab

Islas Malvinas

South Georgia

Dorsal Antártico-American

Tierra del Fuego

Cabo de Hornos

Mar del Scotia

Pasaje de Drake

CLAVE

△ montaña

río

Cuenca del Pacífico Suroriental

Península Antártica

Mar de Bellingshausen

Llanura de Weddell

Mar de Weddell

OC